AF649023

Laserbasiertes Umschmelzen zum Destrukturieren von Welligkeiten additiv gefertigter Bauteile

Laser Remelting for Destructuring Waviness on Additive Manufactured Parts

Von der Fakultät für Maschinenwesen
der Rheinisch-Westfälischen Technischen Hochschule Aachen
zur Erlangung des akademischen Grades einer
Doktorin der Ingenieurwissenschaften
genehmigte Dissertation

vorgelegt von

Laura Kreinest

Berichter/in:

Univ.-Prof. Dr.-Ing. Dipl.-Wirt.-Ing. Johannes Henrich Schleifenbaum
Univ.-Prof. Dr. rer. nat. Joachim Mayer

Tag der mündlichen Prüfung: 08. März 2024

Diese Dissertation ist auf den Internetseiten der Universitätsbibliothek online verfügbar.

ERGEBNISSE AUS DER ADDITIVEN FERTIGUNG

Laura Kreinest

Laserbasiertes Umschmelzen zum Destrukturieren von Welligkeiten additiv gefertigter Bauteile

Herausgeber:
Univ.-Prof. Dr.-Ing. Dipl.-Wirt.-Ing. Johannes Henrich Schleifenbaum

dap Digital Additive Production | RWTH AACHEN UNIVERSITY

Bibliografische Information der Deutschen Nationalbibliothek
Die Deutsche Nationalbibliothek verzeichnet diese Publikation in der Deutschen Nationalbibliografie; detaillierte bibliografische Daten sind im Internet über https://portal.dnb.de abrufbar.

Laura Kreinest:

Laserbasiertes Umschmelzen zum Destrukturieren von Welligkeiten additiv gefertigter Bauteile

1. Auflage, 2024

Gedruckt auf holz- und säurefreiem Papier, 100% chlorfrei gebleicht.

Copyright Apprimus Verlag, Aachen, 2024
Wissenschaftsverlag des Instituts für Industriekommunikation und Fachmedien an der RWTH Aachen
Steinbachstr. 25, 52074 Aachen
Internet: www.apprimus-verlag.de, E-Mail: info@apprimus-verlag.de

Alle Rechte, auch das des auszugsweisen Nachdruckes, der auszugsweisen oder vollständigen Wiedergabe, der Speicherung in Datenverarbeitungsanlagen und der Übersetzung, vorbehalten.

Druck: CPI Druckdienstleistungen GmbH, Ferdinand-Jühlke-Straße 7 I 99095 Erfurt

ISBN 978-3-98555-210-8

D 82 (Diss. RWTH Aachen University, 2024)

Zusammenfassung

Die Oberflächenqualität von mittels Powder Bed Fusion (PBF) gefertigten Bauteilen ist für viele der vorgesehenen, technischen Anwendungen nicht ausreichend, wodurch die Oberflächennachbearbeitung ein notwendiger Prozessschritt ist. Die unzureichende industrielle Etablierung des Laserpolierens als Nachbearbeitungsverfahren für PBF gefertigte Bauteile ist unter anderem dadurch begründet, dass Welligkeit durch das Laserpolieren nur wenig beeinflusst und teilweise neu induziert wird. Im Rahmen dieser Arbeit wird ein Ansatz zur Reduzierung der Welligkeit nach dem Laserpolieren entwickelt, bei dem die inverse Struktur der vorhandenen Welligkeit strukturiert und die Welligkeit so durch "destruktive Überlagerung" mittels laserbasiertem Umschmelzstrukturieren destrukturiert wird. Dazu wird der Integrationsansatz als neuer Ansatz für die Berechnung einer geeigneten Laserleistungsmodulation für das Strukturieren und Destrukturieren von nicht-periodischen Strukturen untersucht. Dabei werden Erkenntnisse über die Strukturausbildung gewonnen, auf deren Basis eine Prozesskette aus Laserpolieren und Destrukturieren demonstriert werden kann, durch deren Anwendung die Welligkeit im Vergleich zum Ausgangszustand um 79 % reduziert wird. Im Vergleich zum Laserpolieren ohne Destrukturieren wird eine um 68 % kleinere Welligkeit erzielt.

Summary

The surface quality of PBF manufactured components is insufficient for many of the intended technical applications, making surface finishing a necessary process step. The insufficient industrial establishment of laser polishing as a post-processing method for PBF manufactured components is due, among other things, to the fact that waviness is only slightly influenced by laser polishing and is partially induced. Within the scope of this work, an approach to reduce waviness after laser polishing is developed, in which the inverse structure of the existing waviness is structured and the waviness is thus destructured by "destructive superposition" using structuring by laser remelting. For this purpose, the integration approach is investigated as a new approach for the calculation of a suitable laser power modulation for the structuring and destructuring of non-periodic structures. Knowledge about structure formation is gained, on the basis of which a process chain of laser polishing and destructuring can be demonstrated, through the application of which the waviness is reduced by 79 % compared to the initial state. Compared to laser polishing without destructuring, a 68 % smaller waviness is achieved.

Danksagung

Diese Dissertation entstand im Rahmen meiner Tätigkeit als wissenschaftliche Mitarbeiterin am Lehrstuhl für Digital Additive Production der RWTH Aachen und am Fraunhofer-Institut für Lasertechnik. An dieser Stelle möchte ich meinen aufrichtigen Dank an all jene aussprechen, die mich während meiner Dissertation begleitet und unterstützt haben.

Ein besonderer Dank gilt Herrn Prof. Dr.-Ing. Dipl.-Wirt.-Ing. Johannes Henrich Schleifenbaum. Seine fachliche Kompetenz, Unterstützung und Betreuung haben maßgeblich zum Erfolg meiner Dissertation beigetragen. Zudem danke ich Herrn Prof. Dr. rer. nat. Joachim Mayer für die Übernahme des Zweitgutachtens und Herrn Prof. Dr. rer. nat. Carlo Holly für die Übernahme des Prüfungsvorsitzes.

Ich möchte mich auch bei Herrn Dr.-Ing. Edgar Willenborg für seine wertvolle Unterstützung bedanken. Seine Leidenschaft und Begeisterung für das Fachgebiet haben mich inspiriert und motiviert. Seine Ratschläge und sein konstruktives Feedback haben einen wesentlichen Beitrag zu meinem Fortschritt während meiner Promotion geleistet. Mein Dank gilt ebenso Herrn Dr.-Ing. Lucas Jauer für seine große Unterstützung bei der Planung, Ausarbeitung und dem Korrekturlesen. Durch seine stets hilfreichen Beiträge hat meine Arbeit erheblich an fachlicher Qualität gewonnen.

Weiterhin möchte ich allen meinen Kolleginnen und Kollegen, insbesondere aus der Gruppe Laserpolieren, danken, die mich über die Jahre am DAP und ILT begleitet haben. Die Zusammenarbeit, der fachliche Austausch, die gegenseitige Unterstützung und das hervorragende Arbeitsklima waren für den Erfolg meiner Arbeit von großer Bedeutung. Ein herzliches Dankeschön gilt auch meinen Abschlussarbeitenden und studentischen Hilfskräften, die mich bei meiner Dissertation unterstützt haben. Ihre Hilfe bei Datenerhebung, Experimenten und Analysen war unverzichtbar und hat meine Arbeit bereichert. Ein besonderer Dank gilt dabei Akshay Shahane, Benedikt Schober, Lea Ritgens, Lucas Breviglieri, Lukas Mankertz, Michael Schmitz, Phillip Hellwig, Ruben Klaes, Till Krause und Wladislaw Müller.

Großer Dank gilt zudem meinen Freunden und meiner Familie, deren Unterstützung während meiner Dissertation von unschätzbarem Wert war. Besonders möchte ich meinem Freund Jonas danken. Ohne deine wertvollen Beiträge und bedingungslose Unterstützung hätte ich diese Arbeit niemals so erfolgreich abschließen können.

Aachen, März 2024

Laura Kreinest

Inhalt

1 Motivation

Das Powder Bed Fusion (PBF, auch Laser Powder Bed Fusion - LPBF) ist ein additives Fertigungsverfahren, das die Herstellung von metallischen Bauteilen mit komplexen Geometrien ermöglicht, die mit herkömmlichen Verfahren, wie dem Fräsen oder Schmieden, nicht effizient gefertigt werden können [Erm21, Wil21]. Die Oberflächenqualität der mittels PBF gefertigten Bauteile ist mit einer Rauheit von oftmals Ra ≥ 10 µm für viele der vorgesehenen Anwendungen allerdings nicht ausreichend [Erm21, Gri15]. Grund dafür ist, dass die funktionellen Eigenschaften von Bauteilen durch die Oberflächenbeschaffenheit entscheidend beeinflusst werden. Insbesondere im Werkzeug- und Formenbau, der Automobilindustrie, der Luft- und Raumfahrtindustrie, aber auch in der Medizintechnik müssen die Oberflächen vieler Bauteile eine Rauheit von Ra < 0,3 µm, oftmals sogar Ra < 0,1 µm, aufweisen [Abu98].

Für viele Anwendungen ist die Oberflächennachbearbeitung nach der Fertigung mittels PBF daher ein notwendiger Prozessschritt. Industriell verbreitete, automatisierte Nachbearbeitungsverfahren sind z.B. Gleitschleifen, elektrochemisches Polieren und robotergestütztes Polieren. Diese Verfahren weisen jedoch verfahrensspezifische Limitationen auf, sodass die Nachbearbeitung von Bauteilen mit Funktionskanten und konkaven Flächen oft nicht möglich ist. Für die Nachbearbeitung von komplexen, dreidimensionalen Bauteilen ist die manuelle Politur in der industriellen Praxis oftmals Stand der Technik, obwohl diese einen großen Zeit- und Kostenaufwand verursacht und ein zunehmender Fachpersonalmangel besteht. [Die15]

Ein alternatives, automatisiertes Nachbearbeitungsverfahren für komplexe, dreidimensionale Bauteile ist das Laserpolieren. Vorteile des Laserpolierens gegenüber konventionellen Nachbearbeitungsverfahren sind die Möglichkeit der selektiven Bearbeitung, die Bearbeitung von Bauteilen mit konkaven Flächen und Funktionskanten, die im Vergleich zur manuellen Politur größeren Flächenraten und die gesteigerte Umweltfreundlichkeit durch den Verzicht auf Schleif- und Poliermittel [Erm21]. Durch das Laserpolieren können in der Regel Rauheiten bis zu einer Strukturwellenlänge[1] von $\lambda = 0{,}5$ mm effizient reduziert werden. Welligkeiten mit größeren Strukturwellenlängen werden durch das Laserpolieren nur wenig beeinflusst und teilweise neu induziert [Nüs15, Wil05].

[1] Die Strukturwellenlänge beschreibt die Wellenlänge von sinusförmigen Strukturen auf einer Oberfläche. Die Rauheit oder die Welligkeit einer technischen Oberfläche kann durch die Überlagerung verschiedener sinusförmiger Strukturen mit verschiedenen Strukturwellenlängen beschrieben werden.

Im Rahmen dieser Arbeit wird ein neuer Ansatz zur Reduzierung der Welligkeit nach dem Laserpolieren untersucht. Dabei wird die inverse Struktur der vorhandenen Welligkeit strukturiert und die Welligkeit so durch "destruktive Überlagerung" destrukturiert. Zudem soll erstmals eine Prozesskette aus Laserpolieren und Destrukturieren entwickelt werden, mit der Rauheit und Welligkeit eines Bauteils in der gleichen Anlagentechnik und mit gleicher Bauteilaufspannung reduziert werden können. Dafür muss ein Verfahren zur Strukturierung verwendet werden, welches folgende Kriterien erfüllt:

- Durch das Strukturieren darf keine Rauheit auf der Oberfläche induziert werden, da die Rauheit bereits durch das Laserpolieren geglättet wird.
- Mit dem Verfahren sollten Strukturen mit Strukturwellenlängen im Bereich der Welligkeit ($\lambda > 0{,}5$ mm) strukturiert und destrukturiert werden können.

Ein Verfahren, welches die genannten Kriterien erfüllt, ist das laserbasierte Umschmelzstrukturieren. Im Rahmen dieser Arbeit soll das Umschmelzstrukturieren weiterentwickelt werden, sodass nicht-periodische[2] Strukturen strukturiert und nicht-periodische Welligkeiten destrukturiert werden können.

[2] Mathematisch betrachtet kann jede Struktur als Überlagerung von periodischen Strukturen betrachtet werden. Als nicht-periodisch werden im Rahmen dieser Arbeit Strukturen bezeichnet, die nach einer Fourier-Transformation mehr als fünf Frequenzen im Frequenzspektrum aufweisen.

2 Stand der Wissenschaft und Technik

Im folgenden Kapitel wird der Stand von Wissenschaft und Technik zum Laserpolieren von PBF gefertigten Bauteilen sowie verschiedenen Verfahren zum laserbasierten Strukturieren und Destrukturieren von Metallen dargestellt. Dabei wird insbesondere das laserbasierte Umschmelzstrukturieren detailliert in Hinblick auf das Wirkprinzip und den Einfluss der Verfahrensparameter auf die Strukturausbildung erläutert. Des Weiteren werden verschiedene Methoden zur Berechnung der Abweichung der erzeugten Strukturen und die mittels Umschmelzstrukturieren erzeugbaren nicht-periodischen Strukturen sowie die bisherigen Ergebnisse zum Destrukturieren beschrieben.

2.1 Laserpolieren von Metallen

Das Laserpolieren von Metallen basiert auf dem Umschmelzen einer dünnen Oberflächenrandschicht von ca. 1 – 100 µm mittels Laserstrahlung. In der schmelzflüssigen Phase wird die Oberfläche durch die Oberflächenspannung geglättet und erstarrt im geglätteten Zustand. [Wil03, Wil05]

In der Literatur wird zwischen zwei Verfahrensvarianten des Laserpolierens, dem Lasermakropolieren und dem Lasermikropolieren, unterschieden [Bor14, Kie09, Kum21, Nüs17, Wil05]. Durch das Lasermakropolieren mit kontinuierlicher Laserstrahlung werden Strukturanteile bis zu einer Strukturwellenlänge, die maximal dem Zweifachen des Laserstrahldurchmessers entspricht, geglättet. Beim Lasermikropolieren mit gepulster Laserstrahlung werden hauptsächlich Strukturanteile mit Strukturwellenlängen von $\lambda < 40$ µm geglättet [Wil05]. Die Bearbeitung mit dem Lasermikropolieren ist mit einer Flächenrate von bis zu 19,1 cm²/s größer als beim Lasermakropolieren [Nüs17]. Zudem wird beim Lasermikropolieren insbesondere bei martensitischen Werkstoffen ein größerer Glanzgrad erzielt [Nüs17]. Die Wahl der Verfahrensvariante erfolgt zumeist abhängig von der Beschaffenheit der zu polierenden Oberfläche. Für die Glättung von Oberflächen PBF gefertigter Bauteile wird aufgrund der großen Ausgangsrauheit bevorzugt das Lasermakropolieren eingesetzt [Ric19, Wil05], weshalb diese Verfahrensvariante im Folgenden betrachtet wird. Für das Lasermakropolieren von Metallen werden in der Literatur hauptsächlich Laserstrahlquellen mit einer Wellenlänge von λ_{em} = 1030 – 1080 nm verwendet [Bha17]. Die maximale Laserleistung der verwendeten Laserstrahlquellen liegt in der Regel zwischen $P_{L,max}$ = 200 – 1000 W [Bor19a, Kie09, Kum21].

In Bild 1 ist die Bearbeitungsstrategie des Lasermakropolierens mit wichtigen Verfahrensparametern schematisch dargestellt. Ein fokussierter Laserstrahl mit einer Laserleistung P_L und einem kreisförmigen Laserstrahldurchmesser d_L wird mäanderförmig mit der Scangeschwindigkeit v_{scan} über die Oberfläche geführt. Der

Spurabstand dy zwischen parallel nebeneinanderliegenden Umschmelzspuren wird für eine flächige Bearbeitung mit überlappenden Umschmelzspuren stets kleiner gewählt als der Laserstrahldurchmesser. [Wil05]

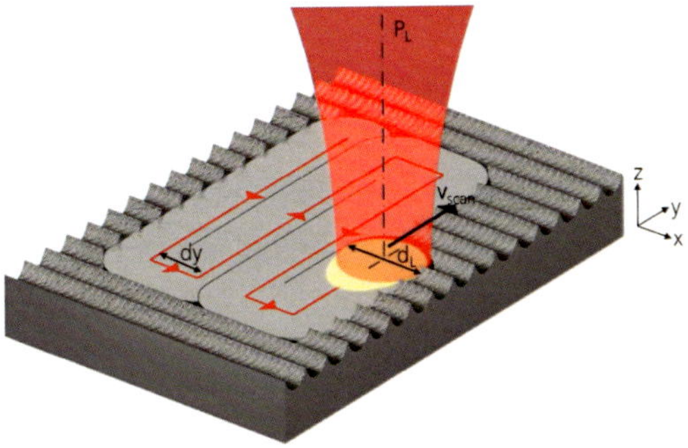

Bild 1: Schematische Darstellung der Bearbeitungsstrategie und der Verfahrensparameter beim Lasermakropolieren. Nachdruck mit Genehmigung von [Kum21], Copyright 2021, Rittinghaus und Zielinski GbR.

Weitere Verfahrensparameter sind die Anzahl der Belichtungen n und die Bearbeitungsrichtung α; also die Richtung der Scanvektoren in Bezug zur Vorzugsrichtung der dominanten Strukturen auf der Ausgangsoberfläche des Werkstücks (z.B. Drehriefen). Die erste Belichtung erfolgt möglichst senkrecht zu den dominanten Strukturen ($\alpha = 90°$). Weitere Belichtungen erfolgen mit einer um 90° zur vorherigen Belichtung gedrehten Bearbeitungsrichtung. Das Laserpolieren wird unter Schutzgasatmosphäre durchgeführt, um Oxidation während des Prozesses zu vermeiden. Verfahrensparameter sind hierbei der Restsauerstoffgehalt und die Zusammensetzung des Schutzgases. [Wil05]

Willenborg [Wil05] untersucht den Einfluss verschiedener Verfahrensparameter auf die resultierende Glättung der Oberfläche. Dabei zeigt er, dass Strukturanteile bis zu einer Strukturwellenlänge, die dem Doppelten des Laserstrahldurchmessers entspricht, geglättet werden können. Grund dafür ist, dass der zur Glättung erforderliche Materialtransport nur in der schmelzflüssigen Phase erfolgen kann, wodurch Profilhöhenunterschiede nur innerhalb der Schmelzbadabmessungen ausgeglichen werden können. Daraus resultiert prinzipiell: Je größer der Laserstrahldurchmesser, desto langwelliger die Strukturanteile, die geglättet werden können. Für das Lasermakropolieren werden typischerweise Laserstrahldurchmesser von d_L = 125 - 800 µm verwendet [Ost11]. Mit steigendem Laserstrahldurchmesser muss, bei konstanter Scangeschwindigkeit und konstantem Spurabstand, für ein ähnliches Polierergebnis die Laserleistung annähernd linear gesteigert werden, woraus ein größerer Gesamtenergieeintrag in das Bauteil resultiert [Wil05]. Bei Bauteilen mit dünnwandigen Strukturelementen, wie z.B. den von Du Plessis et al. [Du18] erzeugten Gitterstrukturen oder Bauteilen mit kleinen Wandstärken (< 3 mm) führt ein großer Energieeintrag aufgrund unzureichender Wärmeableitung durch das Bauteil zu einem Wärmestau und damit zu Formverzug. Für solche Bauteile sollte das Laserpolieren somit mit einem möglichst kleinen Laserstrahldurchmesser erfolgen [Wil05]. Mit steigendem Laserstrahldurchmesser steigt zudem die Schmelzbadgröße und damit die Schmelzbadtiefe und -breite. Durch Laserstrahldurchmesser von $d_L > 250$ µm werden verstärkte Bewegungen der Schmelzbadoberfläche und damit neue Strukturen auf der Oberfläche induziert [Kie09, Nüs15, Wil05]. Um die Entstehung von neuen Strukturen zu vermeiden, sollte ein möglichst kleiner Laserstrahldurchmesser verwendet werden. Dieser sollte jedoch groß genug gewählt werden, damit eine Glättung der dominanten Strukturen auf der Ausgangsoberfläche erzielt werden kann [Wil05].

In mehreren Veröffentlichungen wird das Laserpolieren als Methode zur Nachbearbeitung von PBF gefertigten Werkstücken untersucht. Eine Übersicht ist in Tabelle 1 dargestellt. In den dargestellten Veröffentlichungen wird nicht zwischen Rauheit und Welligkeit differenziert. Um Rauheit und Welligkeit dennoch separat betrachten zu können, ist in Tabelle 1 der Strukturwellenlängenbereich angegeben, für den die gemessene Linienrauheit Ra bzw. Flächenrauheit Sa bestimmt werden. Der Strukturwellenlängenbereich wird nur in einzelnen Veröffentlichungen explizit genannt und wird hier alternativ aus den angegebenen Messstrecken bzw. Messfeldgrößen abgeleitet. In dem Großteil der Veröffentlichungen kann mit den ermittelten Strukturwellenlängenbereichen nach DIN EN ISO 4288 ausschließlich die Rauheit, aber nicht die Welligkeit, analysiert werden. Die von Rosa et al. [Ros15], Gora et al. [Gor16], Bhaduri et al. [Bha17], Richter et al. [Ric19] und Chen et al. [Che21] gewählten Messstrecken bzw. Messfeldgrößen sind für eine Analyse der Rauheit nach dem Laserpolieren nach DIN EN ISO 4288 zu klein. Die ermittelten Rauheitswerte sind in diesen Fällen tendenziell kleiner als bei einer normgerechten Messung der Rauheit, da die Rauheit mit einem größerem Strukturwellenlängenbereich steigt, da auch die Profilhöhenunterschiede von größeren Strukturwellenlängen für die Berechnung der Rauheit berücksichtigt werden. [Zyg18]

Aus den Veröffentlichungen von Zhihao et al. [Zhi18], Hu et al. [Hu19], Li et al. [Li19] und Kumar et al. [Kum20] können keine Strukturwellenlängenbereiche ermittelt werden. Die ermittelte Rauheit von Ra = 0,1 µm [Zhi18] und Ra = 0,2 µm [Hu19] liegt im Bereich der von Bhaduri et al. [Bha17] und von Gora et al. [Gor16] mit nach Norm zu kleinen Messstrecken bzw. Messfeldgrößen gemessenen Rauheit.

Die in den aufgeführten Veröffentlichungen angegebene Ausgangsrauheit von PBF gefertigten Bauteilen liegt im Bereich von Ra/Sa = 1,37 µm - 20,19 µm. In einem Großteil der Veröffentlichungen mit einer normgerechten Messung kann die Rauheit durch das Laserpolieren auf Ra/Sa = 0,35 µm - 1 µm reduziert werden. Ausnahmen sind Rosa et al. [Ros15], Richter et al. [Ric19] und Lee et al. [Lee21]; hier liegt die Rauheit nach dem Laserpolieren bei Ra/Sa > 5 µm, was vermutlich auf die in den Fällen ähnlich große Ausgangsrauheit von Ra/Sa > 14 µm zurückzuführen ist. Auch von Lamikiz et al. [Lam07] und von Obeidi et al. [Obe19], [Obe22] wird nach dem Laserpolieren mit Ra = 1,49 µm bzw.

Ra = 2,7 µm/ Sa = 3,31 µm eine Rauheit von Ra > 1 µm gemessen. Der betrachtete Strukturwellenlängenbereich beträgt hier λ = 0 - 3000 µm bzw. λ = 0 - 4750 µm. Damit werden in diesen Veröffentlichungen auch Anteile der Welligkeit betrachtet. Ein Grund für die großen Ra/Sa-Werte nach dem Laserpolieren ist vermutlich die geringe Glättung der Welligkeit. Die Welligkeit wird im Stand der Technik nicht explizit betrachtet und ist durch das Laserpolieren prinzipbedingt nur begrenzt reduzierbar, da Strukturwellenlängen nur bis zum doppelten Laserstrahldurchmesser effektiv geglättet werden können und durch die Bearbeitung mit Laserstrahldurchmessern von d_L > 250 µm neue Welligkeit induziert wird [Wil05].

Tabelle 1: Übersicht über Veröffentlichungen zum Laserpolieren von PBF gefertigten Bauteilen mit Angabe der Rauheit/Welligkeit im Ausgangszustand und nach dem Laserpolieren für die definierten Strukturwellenlängenbereiche.

Veröffentlichung	**Rauheit/ Welligkeit Ausgangszustand**	**Rauheit/ Welligkeit Laserpoliert**	**Erzielte Reduzierung der Rauheit/ Welligkeit**	**Strukturwellenlängenbereich**
Lamikiz et al. [Lam07], 2007	Ra = 7,8 µm	Ra = 1,49 µm	81 %	Messfeldgröße: 0,6x3,09 mm² → λ = 0 – 3000 µm
Rosa et al. [Ros15], 2015	Sa = 14 µm	Sa = 5,39 µm	61,5 %	Ausgangszustand: λ = 2500 µm; Laserpoliert: λ = 800 µm
Schmidt et al. [Sch15], 2015	Ra = 1,37 µm	Ra = 0,47 µm	65,7 %	λ = 0 - 800 µm
Gora et al. [Gor16], 2016	Ra = 12,89 µm und Ra = 5,13 µm	Ra = 0,570 µm Ra = 0,234 µm	95,6 % und 95,4 %	λ = 0 - 250 µm
Bhaduri et al. [Bha17], 2017	Sa = 3,8 µm	Sa = 0,2 µm	94,7 %	Messfeldgröße: 0,3x0,3 mm² → λ = 0 - 300 µm
Ma et al. [Ma17], 2017	Ra = 5,23 µm	Ra = 0,38 µm	92,7 %	Messfeldgröße: 10x10 mm²
Zhihao et al. [Zhi18], 2018	Ra = 7,5 µm	Ra = 0,1 µm	98,7 %	k. A.
Hu et al. [Hu19], 2019	Ra = 8 µm	Ra = 0,2 µm	97,5 %	k. A.
Li et al [Li19], 2019	Ra = 6,53 µm	Ra = 0,32 µm	95,0 %	k. A.
Obeidi et al. [Obe19], 2019	Ra = 10,4 µm	Ra = 2,7 µm	74,0 %	Messstrecke: 4,75 mm → λ = 0 - 4750 µm
Richter et al. [Ric19], 2019	Sa = 20,19 µm	Sa = 6,56 µm	67,5 %	Messstrecke: 1 mm → λ = 0 - 1000 µm

Yung et al. [Yun19], 2019	Ra = 12,0 µm	Ra = 0,7 µm	94,2 %	Messfeldgröße Ausgaszustand: 1,5x1,5 mm² → λ = 0 - 1500 µm Messfeldgröße nach dem Laserpolieren: 0,8x0,8 mm² → λ = 0 - 800 µm
Kumar et al. [Kum20], 2020	Ra = 11,6 µm	Ra = 1,0 µm	91,4 %	k. A.
Bhaduri et al. [Bha21], 2021	Sa = 5,3 µm	Sa = 0,64 µm	87,9 %	Messfeldgröße: 2,7 x 2,7 mm²
Chen et al. [Che21], 2021	Sa = 4,84 µm	Sa = 0,65 µm	86,6 %	λ = 0 - 250 µm
Ćwikła et al. [Ćwi21], 2021	Sa = 5,86 µm	Sa = 0,7 µm	88,1 %	Ausgangszustand: λ = 2500 µm; Laserpoliert: λ = 800 µm
Lee et al. [Lee21], 2021	Sa = 15,53 µm	Sa = 7,92 µm	49,0 %	λ = 0 - 2500 µm
Obeidi et al. [Obe22], 2022	Sa = 17,15 µm	Sa = 3,31	80,7 %	Messfeldgröße: 3 x 3 mm²

2.2 Laserbasiertes Strukturieren von Metallen zur Beseitigung von Welligkeit

Für das Destrukturieren von Welligkeit durch konventionelle mechanische, elektrische oder chemische Strukturierungsverfahren wie die Funkenerosion oder das Photochemische Ätzen wäre zusätzliche Anlagentechnik erforderlich. Im Folgenden werden daher nur laserbasierte Strukturierungsverfahren betrachtet.

2.2.1 Gepulste und diskontinuierliche Verfahren

Laserbasierte Strukturierungsverfahren werden grundsätzlich in umschmelzende und abtragende Verfahren unterteilt. Für Strukturierungsverfahren auf Basis des Laserabtrags werden meist ultrakurze Pulse (USP) im Femto-, Piko- oder Nanosekundenbereich verwendet [Gil10]. Mit Pulsdauern im Nanosekundenbereich können mit Abtragsraten von bis zu 10 mm³/min [Bre20] Strukturwellenlängen im Bereich von λ = 40 – 100 µm [Hen04] und Strukturtiefen von 1 – 2 µm [Pop08] erzielt werden. Die Rauheit nach der Bearbeitung beträgt Ra > 2 µm [Bre20, Har14, Hen04]. Bei Verwendung von Pulsdauern im Pikosekundenbereich mit Einzelpulsen ist die Abtragsrate mit 1 mm³/min [Pop08] kleiner als für Pulsdauern im Nanosekundenbereich. Auch die minimal erzeugbaren Strukturwellenlängen mit bis zu λ > 0,1 µm [Gil10] und die erzielte Rauheit mit Ra < 1 µm sind kleiner [Neu10, Pop08]. Bei der Verwendung von Pulsbursts treffen mehrere Pulse mit Pulsdauern im Pikosekundenbereich mit einem Pulsabstand im Nanosekundenbereich auf die Oberfläche, wodurch die Abtragrate gesteigert wird. Von Brenner

[Bre21] wird dabei eine Abtragsrate von bis zu 20 mm²/min und einer resultierenden Rauheit von Sa < 1,5 µm oder eine Rauheit von Sa < 0,5 µm bei einer Abtragsrate von 10 mm²/min erreicht.

Bei Strukturierungsverfahren, die auf dem Umschmelzen der Werkstückoberfläche basieren, wird kein Material abgetragen, sondern umverteilt. Wesentliche laserbasierte Strukturierungsverfahren, die auf einer Materialumverteilung durch Umschmelzen basieren, sind Direct Laser Interference Pattering (DLIP), Surfi-Sculpt®, Pulsed Laser micro Structuring (PLµS) und Structuring by Laser Remelting (WaveShape).

DLIP ist ein Strukturierungsverfahren, mit dem periodische Strukturen durch die Interferenz von mindestens zwei Laserstrahlen mit großen Pulsenergien erzeugt werden [Müc05]. Durch die Interferenz der Laserstrahlen entsteht eine definierte Intensitätsverteilung, die auf die Oberfläche übertragen wird [Müc05]. Die resultierende Oberflächentopografie hat anschließend die gleichen geometrischen Dimensionen wie das Intensitätsmuster [Sol18]. Die erzeugten Strukturen sind periodisch und weisen Strukturwellenlängen von wenigen Mikrometern in lateraler Richtung und eine Strukturhöhe von wenigen Mikrometern in vertikaler Richtung auf [Ros16]. Für das Verfahren können gepulst emittierende Laser verschiedener Wellenlängen mit Pulsdauern im Nanosekundenbereich und Pulsfrequenzen von wenigen Hertz bis Kilohertz verwendet werden [Ala19, Las15, Müc05]. Aus der Arbeit von Aguilar-Morales et al. [Agu18] kann gefolgert werden, dass die Rauheit der Ausgangsoberfläche klein sein muss (Ra = 60 nm), um definierte und unterscheidbare Oberflächenstrukturen zu erzeugen.

Ein weiteres Verfahren zum Strukturieren ist das von Dance and Buxton entwickelte Surfi-Sculpt® [Dan06]. Laserstrahlung oder Elektronenstrahlung wird auf die Werkstückoberfläche fokussiert, wodurch ein Schmelzbad erzeugt und teilweise Material verdampft wird [Bla11]. Anschließend wird der fokussierte Strahl über die Oberfläche geführt. Am Beginn der Umschmelzspur entsteht eine Erhebung und am Ende der Umschmelzspur eine Vertiefung. Durch Mehrfachbelichtungen kann die Strukturhöhe gesteigert werden [Bla11, Hil18]. Blackburn und Hilton [Bla11] verwenden einen Yb-Faserlaser mit kontinuierlich emittierter Laserstrahlung und maximaler Laserleistung von 200 W. Die mittels Surfi-Scuplt® erzeugten Strukturen weisen jedoch eine, durch den Schmelzauswurf bedingte, große Oberflächenrauheit auf [Tem12].

Pfefferkorn et al. [Pfe17] verwenden PLµS für das Strukturieren nicht-periodischer Strukturen. Das Aufschmelzen der Oberfläche erfolgt beim PLµS mit gepulster Laserstrahlung. Durch die Variation der Pulsdauer und damit der Fluenz wird ein Temperaturgradient im Schmelzbad induziert. Die daraus resultierende Thermokapillarströmung führt zu einer lokalen Umverteilung des Materials an der Schmelzbadoberfläche [Pfe17]. Die erzeugten Strukturen weisen Strukturwellenlängen von λ = 0,05 – 0,2 mm auf.

2.2.2 Kontinuierliches Umschmelzstrukturieren

Das erstmals von Temmler et al. [Tem11] untersuchte laserbasierte Umschmelzstrukturieren ist ein Verfahren zum Strukturieren von Metalloberflächen durch kontinuierliches Umschmelzen einer dünnen Randschicht (< 100 µm) mittels Laserstrahlung bei gleichzeitiger Modulation der Laserleistung. Die Strukturausbildung beim Umschmelzstrukturieren ist schematisch in Bild 2 dargestellt. Während der Entstehung des Schmelzbades führen die aus dem Phasenübergang resultierende Dichtediskontinuität zwischen fester und flüssiger Phase sowie die thermische Ausdehnung der Schmelze zu einer Aufwölbung bzw. Verformung der Schmelzbadoberfläche. Die Oberfläche des Schmelzbades ist beim Umschmelzen mit konstanter Laserleistung im Bereich der Erstarrungsfront annähernd eben und die Oberfläche wird daher nicht strukturiert. Eine Strukturierung erfolgt, wenn die Laserleistung während des Umschmelzprozesses entweder vergrößert oder verkleinert wird, was zu einer Vergrößerung bzw. Verkleinerung des Schmelzbadvolumens führt. Die Krümmung des Schmelzbades wird durch die Modulation der Laserleistung kontinuierlich verändert und die Dreiphasenlinie wird während der Erstarrung aus der x,y-Ebene in positive bzw. negative z-Richtung bewegt. Eine konvexe bzw. konkave Krümmung der Schmelzbadoberfläche führt somit zu einer Änderung der Richtung der Erstarrungsfront entlang der Dreiphasenlinie. Dadurch wird die Richtung der Erstarrung geändert, was zu der Bildung von Strukturen führt. [Tem12, Tem20b]

Bild 2: Schematische Darstellung der Strukturausbildung beim Umschmelzstrukturieren [Kre22].

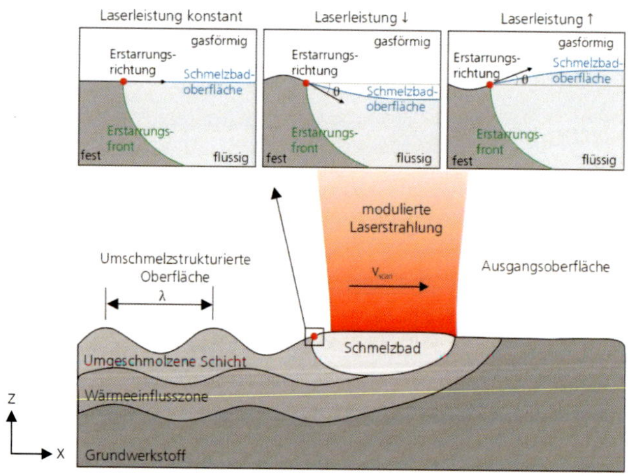

Ein schematisches Schmelzbad mit Schmelzbadfront, Erstarrungsfront und Dreiphasenlinie ist in Bild 3 dargestellt. Der aktuellste Ansatz zur Modellierung der resultierenden Strukturausbildung und Erklärung des Wirkprinzips wird in der

Arbeit von Temmler und Pirch [Tem20b, Tem20c] beschrieben. Sie zeigen, dass eine Änderung der Laserleistung eine Änderung des Schmelzbadvolumens induziert und diese zu einer Änderung der Schmelzbadgeometrie und damit zur Strukturausbildung führt. Wesentlich sind dabei hauptsächlich drei physikalische Effekte: [Tem20b, Tem20c]

- Die Dynamiken der Dreiphasenlinie an der Erstarrungsfront und der Schmelzfront sind unterschiedlich. Daher ist das Materialvolumen, das erstarrt, in der Regel nicht gleich dem Materialvolumen, das aufgeschmolzen wird [Tem20c].
- Die absorbierte Laserstrahlung führt zu einer Erwärmung des schmelzflüssigen Materials im Schmelzbad. Die Wärmeausdehnung des schmelzflüssigen Materials ist temperaturabhängig. Bei einer Variation der Laserleistung variiert die Temperatur des schmelzflüssigen Materials, was zu unterschiedlichen Materialvolumina bei unterschiedlichen Schmelzbadtemperaturen führt [Tem20c].
- Die Dichte/Volumen-Diskontinuität, die sich aus dem Phasenübergang von festem Material in den flüssigen Zustand und umgekehrt ergibt, führt zur kontinuierlichen Änderung des Schmelzbadvolumens [Tem20c].

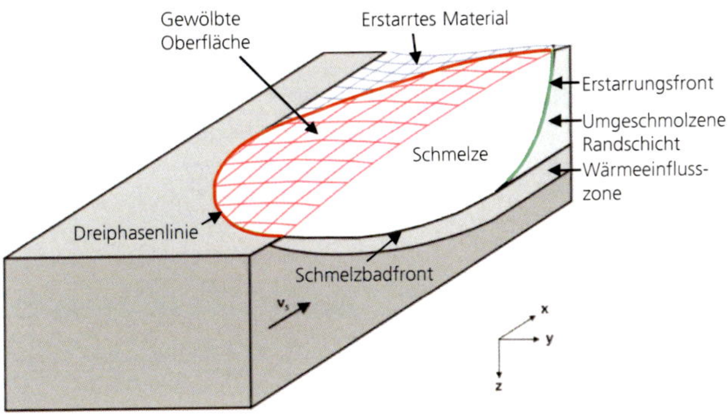

Bild 3: Schematische Darstellung eines Schmelzbades mit Längsschnitt in der Mitte des Schmelzbades. Nachdruck mit Genehmigung von [Wil05], Copyright 2005, Shaker Verlag GmbH.

Ein weiterer von Temmler und Pirch [Tem20c] untersuchter Effekt ist der Ablationsdruck, welcher aus lokalen Materialverdampfungen beim Überschreiten der Siedetemperatur im Schmelzbad resultiert. Dieser führt zu einer Verformung der Schmelzbadoberfläche, wodurch potenziell ein erheblicher Einfluss auf die Strukturausbildung ausgeübt werden kann. Von Temmler und Pirch [Tem20c] wird berechnet, dass die Menge des verdampften Materials in der Regel um zwei Größenordnungen kleiner als das Volumen des Schmelzbades ist und dass für den von ihnen untersuchten Verfahrensparameterbereich (d_L = 250 µm, v_{scan} = 25 –

200 mm/s, P_M = 45 – 225 W, P_A = 42,5 – 75 W, λ = 0,5 – 4 mm) kein großer Einfluss des Ablationsdrucks auf die Strukturausbildung besteht. Für kleinere Scangeschwindigkeiten von v_{scan} < 25 mm/s oder größere Laserleistungen von P_M > 225 W (bei v_{scan} = 200 mm/s) schließen sie einen Einfluss jedoch nicht aus. [Tem20c]

In der Literatur wird bisher hauptsächlich das Umschmelzstrukturieren von sinusförmigen Strukturen beschrieben [Bor19b, Bor20, Tem15a, Tem15b, Tem21b]. Um eine sinusförmige Struktur zu erzeugen, wird die Laserleistung, wie in Bild 4 oben schematisch dargestellt, mit der Laserleistungsamplitude und der Strukturwellenlänge λ nach Formel 2.1 sinusförmig um die mittlere Laserleistung moduliert [Tem12, Tem19].

Formel 2.1

$$P_L(x) = P_M + P_A \cdot \sin\left(2\pi\frac{x}{\lambda}\right)$$

P_L: Laserleistung
P_M: Mittlere Laserleistung
P_A: Laserleistungsamplitude
λ: Strukturwellenlänge
x: Position

Für einen kontinuierlichen Prozess wird die Laserleistung durch die minimale Laserleistung, bei der das Material den Schmelzpunkt erreicht und die maximale Laserleistung, bei der der Siedepunkt erreicht wird, begrenzt [Tem12]. Anhand dieser Grenzen werden die mittlere Laserleistung und die maximale Laserleistungsamplitude nach Formel 2.2 und Formel 2.3 berechnet. Die maximale Laserleistungsamplitude ist die maximal im Prozess verwendbare Laserleistungsamplitude, bei welcher ein kontinuierlicher Umschmelzprozess stattfindet. [Tem12, Tem15a, Tem15b, Tem20a, Tem20c, Tem21a]

Formel 2.2

$$P_M = \frac{P_{max} + P_{min}}{2}$$

Formel 2.3

$$P_{A,max} = \frac{P_{max} - P_{min}}{2}$$

P_M: Mittlere Laserleistung
$P_{A,max}$: Maximale Laserleistungsamplitude
P_{Max}: Maximale Laserleistung, Prozessgrenze Siedepunkt
P_{Min}: Minimale Laserleistung, Prozessgrenze Schmelztemperatur

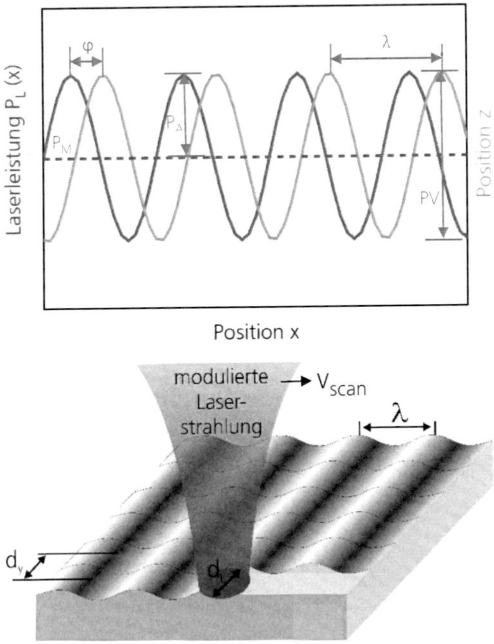

Bild 4: Oben: Schematische Darstellung der Laserleistungsmodulation (rot) und der resultierenden Struktur (blau). Unten: Schematische Darstellung des Verfahrensprinzips. Nachdruck mit Genehmigung von [Tem12], Copyright 2012, Shaker Verlag GmbH.

Beim Umschmelzstrukturieren wird, anders als beim Laserpolieren, typischerweise eine unidirektionale Scanstrategie verwendet. Der Laserstrahl mit dem Laserstrahldurchmesser d_L wird, wie in Bild 4 unten dargestellt, mit konstanter Scangeschwindigkeit v_{scan} und einem Spurabstand dy über die Werkstückoberfläche geführt. Ein weiterer Verfahrensparameter ist die Anzahl an Belichtungen n. Dabei wird im Gegensatz zum Laserpolieren die gleiche Bearbeitungsrichtung mehrfach hintereinander angewendet. [Tem12, Tem15a, Tem15b, Tem17]

In der Literatur wird der Einfluss der Verfahrensparameter auf sinusförmige Strukturen für verschiedene Materialien betrachtet. Dazu gehören X37CrMoV5-1 (1.2343) [Tem12, Tem17, Tem20b], X153CrMo12 (1.2379) [Tem19], Nickelbasislegierungen wie 2.4668 [Tem15a, Tem17, Tem20c, Tem21a], Ti-6Al-4V (3.7164) [Tem17, Tem21b], CoCr28Mo (2.4778) [Tem17], 100Cr6 (1.3505) [Tem17] und X5CrNi18-10 (1.4301) [Tem17]. Erkenntnisse betreffen dabei die Strukturwellenlänge λ, die Profilhöhe, den Profilgradienten, welcher als Quotient aus Profilhöhe und Strukturwellenlänge definiert ist, und die Phasenverschiebung φ_{Gesamt} zwischen Laserleistungsmodulation und der erzeugten Struktur (Bild 4 oben). Die Erkenntnisse sind im Folgenden zusammengefasst:

1. Einfluss der Verfahrensparameter auf die **Strukturwellenlänge**

    a. Die **Wellenlänge**, mit der die **Laserleistung moduliert** wird, ist mit einer relativen Abweichung von < 1,5 % annähernd gleich der Strukturwellenlänge der erzeugten sinusförmigen Struktur [Bor20, Tem12].

    b. Die minimal und maximal erreichbare Strukturwellenlänge ist abhängig vom Schmelzbaddurchmesser und damit vor allem vom **Laserstrahldurchmesser**. Temmler [Tem12] zeigt, dass eine Strukturierung von Strukturwellenlängen, die dem ein- bis achtfachen Laserstrahldurchmesser ($d_L \leq \lambda \leq 8*d_L$) entsprechen, mit einer Belichtung möglich ist. Eine möglichst effiziente Strukturierung wird bei Strukturwellenlängen im Bereich des zwei- bis vierfachen Laserstrahldurchmessers ($2*d_L \leq \lambda \leq 4*d_L$) erzielt. Bei mehrfachen Belichtungen steigt die effizient erzeugbare Strukturwellenlänge. [Tem12]

2. Einfluss der Verfahrensparameter auf die **Profilhöhe**

    a. Bei einer Belichtung wird die maximale Profilhöhe erreicht, wenn die Strukturierung mit der **Strukturwellenlänge**, die dem Vierfachen des Laserstrahldurchmessers ($\lambda = 4*d_L$) entspricht, erfolgt [Tem15a, Tem20b, Tem20c]. Durch eine Steigerung der Anzahl an Belichtungen wird das Maximum der Profilhöhe bei größeren Strukturwellenlängen erreicht. [Tem12, Tem15a, Tem15b, Tem17, Tem19, Tem21a, Tem21b]

    b. Bei einem konstanten Laserstrahldurchmesser und konstanter Scangeschwindigkeit steigt die Profilhöhe linear mit der **Laserleistungsamplitude** bis zur maximale Laserleistungsamplitude $P_{A,max}$ (siehe Formel 2.3) [Tem12, Tem15a, Tem15b, Tem17, Tem19, Tem20b, Tem20c, Tem21a, Tem21b].

    c. Bei einer Vergrößerung des Laserstrahldurchmessers kann eine größere mittlere Laserleistung und maximale Laserleistungsamplitude verwendet werden. Mit steigendem **Laserstrahldurchmesser** können somit größere Profilhöhen erzielt werden. [Tem12, Tem15a, Tem15b, Tem21a]

    d. Bei konstantem Laserstrahldurchmesser sowie konstanter Laserleistungsamplitude und konstanter mittlerer Laserleistung sinkt die Profilhöhe mit steigender **Scangeschwindigkeit** [Tem12, Tem19]. Werden die mittlere Laserleistung und die maximale Laserleistungsamplitude linear an die Scangeschwindigkeit angepasst, werden bei verschiedenen Scangeschwindigkeiten ähnliche Profilhöhen erreicht [Tem15a, Tem15b, Tem20c, Tem21a, Tem21b].

e. Mit einer steigenden **Anzahl an Belichtungen** steigt die Profilhöhe [Tem15a, Tem15b, Tem17, Tem19, Tem21a, Tem21b]. Die Steigung ist nicht linear, sondern entspricht näherungsweise der Quadratwurzel der Anzahl an Belichtungen [Tem12].

f. Ist der Spurabstand kleiner als der Laserstrahldurchmesser, erfolgen mehrere Umschmelzzyklen $n_A = d_L/d_y$ an jeder Stelle der umgeschmolzenen Fläche. Durch eine Steigerung der Umschmelzzyklen und damit der Verkleinerung des **Spurabstandes** wird die Profilhöhe für Strukturwellenlängen von $\lambda > 2*d_L$ vergrößert [Tem19].

3. Einfluss der Verfahrensparameter auf den **Profilgradient**

   a. Der maximale Profilgradient wird bei der Strukturierung einer **Strukturwellenlänge**, die dem doppelten Laserstrahldurchmesser ($\lambda = 2*d_L$) entspricht, erreicht. Durch eine Steigerung der Anzahl an Belichtungen wird das Maximum des Profilgradienten bei größeren Wellenlängen erreicht. [Tem12]

4. Einfluss der Verfahrensparameter auf die **Phasenverschiebung**

   a. Die Phasenverschiebung φ_{Gesamt} resultiert zum einen aus der zeitlichen Phasenverschiebung φ_{Steuer} zwischen Steuersignal und emittierter Laserleistung und zum anderen aus einer prozessbedingten Phasenverschiebung φ zwischen Laserleistungsmaximum und Profilmaximum [Tem12].

   b. Die prozessbedingte Phasenverschiebung φ ist abhängig von der **Strukturwellenlänge**. Bei Laserstrahldurchmessern von $d_L = 250 - 625$ µm beträgt die Phasenverschiebung für Strukturwellenlängen im Bereich des Laserstrahldurchmessers ($\lambda = d_L$) $\varphi = 180°$. Für größere Strukturwellenlängen ($\lambda \geq 2*d_L$) beträgt die Phasenverschiebung $\varphi = 90°$. [Tem12]

2.2.3 Strukturabweichung beim kontinuierlichen Umschmelzstrukturieren

Von Temmler [Tem12] und Oreshkin et al. [Ore22] werden verschiedene Arten der Strukturabweichung beschrieben, die grundsätzlich in die zwei Kategorien Größen- und Positionsabweichung sowie Formabweichung unterteilt werden können. In Bild 5 sind Beispiele aus beiden Kategorien schematisch dargestellt.

In der Literatur wird die Strukturabweichung der erzeugten Strukturen hauptsächlich über die Größen- und Positionsabweichungen beurteilt [Tem12, Tem15a, Tem15b, Tem17, Tem19, Tem20a, Tem21a, Tem21b]. Dennoch ist auch die Formabweichung entscheidend, um beurteilen zu können, ob die gewünschte Soll-Struktur mit ausreichender Genauigkeit auf der Oberfläche abgebildet wird.

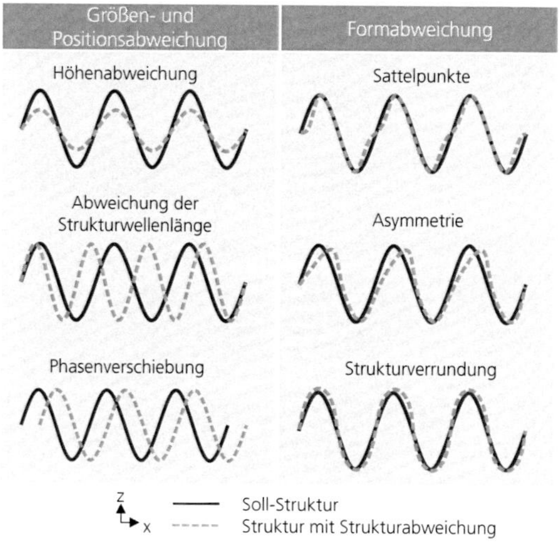

Bild 5: Schematische Darstellung der Strukturabweichung; unterteilt nach Größen- und Positionsabweichung sowie Formabweichung adaptiert nach Temmler [Tem12] und Oreshkin et al. [Ore22].

Bisher sind aus der Literatur mehrere Methoden bekannt, mit denen die Formabweichung der mittels Umschmelzstrukturieren erzeugten Strukturen beschrieben werden kann. Von Temmler [Tem12] wird gezeigt, dass die mittels Umschmelzstrukturieren erzeugten Strukturen in einem großen Verfahrensparameterbereich asymmetrisch sind. Die Ausprägung der Asymmetrie ist abhängig von der Strukturwellenlänge. Bei kleinen Strukturwellenlängen ($\lambda < 4*d_L$, bei n = 1) sind die Strukturen in der Regel gegen die Scanrichtung geneigt. Bei großen Strukturwellenlängen ($\lambda > 4*d_L$, bei n = 1) wird eine Neigung in Scanrichtung beobachtet. Die Strukturen sind nur in Ausnahmefällen symmetrisch. Symmetrische Strukturen werden in dem Strukturwellenlängenbereich beobachtet, in dem die größte Profilhöhe erzielt wird ($\lambda = 4*d_L$, bei n = 1) [Tem12]. Temmler und Pirch [Tem20b, Tem20c] zeigen mit ihrer Modellierung, dass die unterschiedliche Dynamik der Schmelz- und Erstarrungsfront sowie der Ablationsdruck, der beim Erreichen der Siedetemperatur auftritt, Gründe für die Asymmetrie der Strukturen sind.

Temmler [Tem12] führt den Asymmetriewinkel nach Formel 2.4 ein, um die Asymmetrie sinusförmiger Strukturen zu quantifizieren. Eine schematische Darstellung ist in Bild 6 dargestellt.

Formel 2.4

$$\vartheta = \arctan(\frac{\Delta\lambda}{h_{max}})$$

ϑ: Asymmetriewinkel
$\Delta\lambda$: Maximale laterale Abweichung von der Symmetrieposition
h_{max}: Maximale Profilhöhe

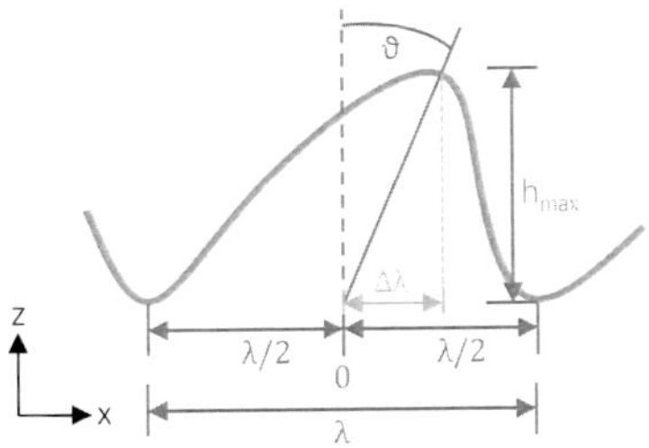

Bild 6: Schematische Darstellung der Berechnung des Asymmetriewinkels ϑ und der zugehörigen Strecke $\Delta\lambda$ adaptiert nach Temmler [Tem12].

Bei gegen die Scanrichtung geneigten Strukturen ist der Asymmetriewinkel negativ, bei in Scanrichtung geneigten Strukturen positiv und bei symmetrischen Strukturen null. Oreshkin et al. [Ore21] zeigen, dass der Asymmetriewinkel zur Beurteilung der Formabweichung nicht ausreichend ist. Grund dafür ist, dass nur die Asymmetrie der Strukturen quantitativ ermittelt wird, obwohl auch symmetrische Strukturen eine Formabweichung aufweisen können [Ore21].

Von Oreshkin et al. [Ore21], [Ore22] werden daher weitere Methoden zur Analyse der Formabweichung untersucht. Eine Methode ist die Bestimmung der Strukturabweichung sinusförmiger Strukturen mit Hilfe der diskreten Fourier-Transformation (DFT). Bei symmetrischen Strukturen ohne Formabweichungen wie z.B. einer Asymmetrie ist im Frequenzspektrum ein diskreter Peak bei einer Frequenz f_1 vorhanden. Diese entspricht dem Inversen der Strukturwellenlänge ($f_1 = 1/\lambda$). Die Amplitude des Peaks entspricht dabei der Profilhöhe der Struktur. Bei asymmetrischen Strukturen oder anderen Strukturen mit Formabweichung sind neben dem Peak bei Frequenz f_1 noch weitere Peaks mit niedrigerer Amplitude (A_{f1}; …; A_{fn}) im Frequenzraum vorhanden. Die Frequenzen dieser Peaks entsprechen dem Vielfachen von f_1 ($f_2 = 2*f_1$; … ; $f_n = n*f_1$). Als Kennwert für die Strukturabweichung definieren Oreshkin et al. [Ore21] das Amplitudenverhältnis $R_{2/1}$ der Peaks bei den Frequenzen f_2 und f_1 nach Formel 2.5. [Ore21]

Formel 2.5

$$R_{2/1} = \frac{A_{f2}}{A_{f1}}$$

$R_{2/1}$: Amplitudenverhältnis
A_{f1}: Amplitude des Peaks bei Frequenz f_1
A_{f2}: Amplitude des Peaks bei Frequenz f_2

Je größer die Asymmetrie der Strukturen ist, desto größer wird in der Regel das Amplitudenverhältnis $R_{2/1}$. Oreshkin et al. beobachten, dass $R_{2/1}$ bei Strukturen mit einer Strukturwellenlänge, die ungefähr dem vierfachen Laserstrahldurchmesser entspricht, minimal wird. Damit können die Beobachtungen von Temmler [Tem12] mit der entwickelten DFT-Methode bestätigt werden.

Oreshkin et al. [Ore22] untersuchen zudem eine Erweiterung der DFT-Methode. Dabei wird nach Formel 2.6 statt der Frequenz f_2 die Summe der Amplituden über alle Frequenzen $\geq f_2$ betrachtet und das Amplitudenverhältnis aller Frequenzen $R_{all/1}$ berechnet.

Formel 2.6

$$R_{all/1} = \frac{\sum_{n=2}^{n=s/2} A_{fn}}{A_{f1}}$$

$R_{all/1}$: Amplitudenverhältnis
$f_{s/2}$: Halbe Abtastfrequenz
A_{fn}: Amplitude eines Peaks bei Frequenz f_n
A_{f1}: Amplitude des Peaks bei Frequenz f_1

Mit dieser Anpassung kann festgestellt werden, ob eine Formabweichung vorliegt. Jedoch können mit dieser Methode weiterhin nur sinusförmige Strukturen analysiert werden [Ore22].

Alternativ wird die, auf der Shannon-Entropie der Informationstheorie basierende, spektrale Entropie (SE) nach Formel 2.7 berechnet [Ore22]. Mit dieser Formel werden die erzeugten Strukturen mit einer Sinusstruktur verglichen. Die spektrale Entropie einer erzeugten Sinusstruktur ohne Strukturabweichung ist null. Mit dieser Methode kann eine Formabweichung für periodische Strukturen quantitativ bestimmt werden. Die Autoren vermuten jedoch, dass auch mit dieser Methode nur periodische Strukturen analysiert werden können, bzw. dass die Genauigkeit bei der Analyse von nicht-periodischen Strukturen kleiner ist.

Formel 2.7

$$SE = \frac{\sum_{n=1}^{n=f_{s/2}} A(n) \cdot \log(A(n))}{\log(f_{s/2})}$$

SE: Spektrale Entropie
$f_{s/2}$: Halbe Abtastfrequenz
A(n): Amplitude an der Stelle n

Die Formabweichung von nicht-periodischen Strukturen kann nach Oreshkin et al. [Ore22] mit dem inversen Kreuzkorrelations-Koeffizient nach Pearson, wie in Formel 2.8 dargestellt, bestimmt werden. Der Kreuzkorrelationskoeffizient wird jedoch durch Messartefakte oder eine Abweichung der Strukturwellenlänge beeinflusst [Ore22].

Formel 2.8

$$CCC_{inv} = \frac{1}{1 - CCC}$$

$$mit\ CCC = \frac{\max\left(corr(h_{Soll}, h_{Ist})\right)}{\sqrt{\max\left(corr(h_{Soll}, h_{Soll})\right) \times \max\left(corr(h_{Ist}, h_{Ist})\right)}}$$

CCC_{inv}: Inverser Kreuzkorrelations-Koeffizient
CCC: Kreuzkorrelations-Koeffizient nach Pearson
h_{Soll}: Soll-Profil
h_{Ist}: Ist-Profil
$max(corr(h_{Soll},h_{Ist}))$: Maximalwert der Kreuzkorrelationsfunktion
$max(corr(h_{Soll},h_{Soll}))$: Maximalwert der Autokorrelationsfunktion des Soll-Profils
$max(corr(h_{Ist},h_{Ist}))$: Maximalwert der Autokorrelationsfunktion des Ist-Profils

Die beim Laserumschmelzstrukturieren erzeugte Formabweichung kann durch verschiedene Anpassungen des Prozesses reduziert werden. Temmler [Tem12] erläutert, dass eine Anpassung der Asymmetrie beim Umschmelzstrukturieren mit einer Belichtung nur über eine aufwändige Anpassung der Laserleistungsamplitude erfolgen kann. Die Asymmetrie kann jedoch durch eine Steigerung der Anzahl an Belichtungen mit bidirektionaler Bearbeitung reduziert werden. [Tem12]

Oreshkin et al. [Ore21] demonstrieren einen Ansatz zur Reduzierung der Asymmetrie mit einer Belichtung. Dazu wird, nach Formel 2.9, ein Kompensationsterm zu der Berechnung der Laserleistungsmodulation addiert.

Formel 2.9

$$P_L(x) = P_M + P_A \cdot \sin\left(\frac{2\pi}{\lambda}x\right) + R_{2/1} \cdot P_A \cdot \sin\left(\frac{2\pi}{\lambda/2}x + \varphi\right)$$

P_L: Laserleistung
P_M: Mittlere Laserleistung
P_A: Laserleistungsamplitude
λ: Strukturwellenlänge
$R_{2/1}$: Amplitudenverhältnis
φ: Phasenverschiebung
x: Position

Als Kompensationsterm wird eine harmonische Sinusfunktion der halben Strukturwellenlänge verwendet, die eine Phasenverschiebung relativ zur ersten Sinusfunktion aufweist. Die Amplitude des Kompensationsterms wird mit dem Kennwert zur Beschreibung der Asymmetrie, dem Amplitudenverhältnis $R_{2/1}$, multipliziert. [Ore21]

Durch das Umschmelzstrukturieren mit dem Kompensationsterm und Anpassung der Phasenverschiebung φ kann das Amplitudenverhältnis $R_{2/1}$ für einen großen Strukturwellenlängenbereich ($\lambda = 2 - 8*d_L$, bei n = 1) um bis zu 91 % reduziert werden. In Bild 7 ist eine mit und ohne Kompensationsterm erzeugte Struktur mit einer Strukturwellenlänge von $\lambda = 0{,}5$ mm dargestellt. Die Neigung der Struktur kann durch die Strukturierung mit dem Kompensationsterm reduziert und dem Soll-Profil angenähert werden. [Ore21]

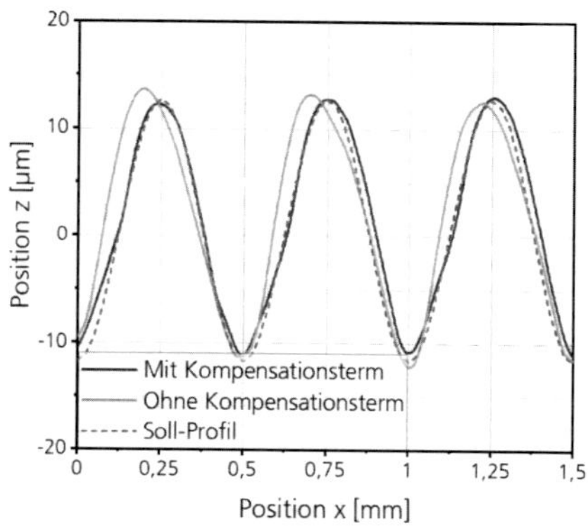

Bild 7: Profil der erzeugten Strukturen mit und ohne Kompensationsterm adaptiert nach [Ore21] mit $d_L = 250$ µm; $\lambda = 0{,}5$ mm; $v_{scan} = 25$ mm/s; $P_M = 135$ W; $P_A = 52$ W; $\varphi = -50°$.

2.2.4 Mittels Umschmelzstrukturieren erzeugbare Strukturen

Bislang wird in der Literatur hautsächlich das Umschmelzstrukturieren von sinusförmigen Strukturen untersucht [Tem12]. Die Welligkeit nach dem Laserpolieren ist jedoch in der Regel nicht-periodisch. Damit Welligkeit auf realen Oberflächen destrukturiert werden kann, ist es somit notwendig, nicht-periodische Strukturen zu strukturieren. Zur Erzeugung nicht-periodischer Strukturen mittels Umschmelzstrukturieren sind aus der Literatur bisher drei Methoden bekannt.

Temmler [Tem12] beschreibt die Erzeugung nicht-periodischer Strukturen durch Überlagerung von Sinusstrukturen verschiedener Strukturwellenlänge, Laserleistungsamplitude und Phase. Dabei wird zwischen der Signalüberlagerung und der Strukturüberlagerung unterschieden. Bei der Signalüberlagerung erfolgt das Strukturieren mit einer Belichtung. Dabei wird die Laserleistungsmodulation nach Formel 2.10 berechnet. Diese besteht aus der Überlagerung von zwei Sinusfunktionen mit zwei verschiedenen Laserleistungsamplituden P_{A1} und P_{A2}, zwei verschiedenen Phasen φ_1 und φ_2 und zwei verschiedenen Strukturwellenlängen λ_1 und λ_2 [Tem12].

Formel 2.10

$$P_L(x) = P_M + P_{A1} \cdot \sin\left(\frac{2\pi}{\lambda_1}x + \varphi_1\right) + P_{A2} \cdot \sin\left(\frac{2\pi}{\lambda_2}x + \varphi_2\right)$$

P_L: Laserleistung
P_M: Mittlere Laserleistung
P_{A1}/P_{A2}: Laserleistungsamplitude der Strukturwellenlänge λ_1/λ_2
λ_1/λ_2: Strukturwellenlänge
φ_1/φ_2: Phasenverschiebung
x: Position

Temmler [Tem12] zeigt, dass die qualitative Strukturabweichung bei mittels Signalüberlagerung erzeugten Strukturen mit zunehmender Anzahl von Belichtungen steigt. Eine signifikante Vergrößerung der Profilhöhe wird hauptsächlich durch eine Steigerung der Anzahl der Belichtungen erreicht. Die maximale Profilhöhe, die mit der Signalüberlagerung erreicht werden kann, ist somit begrenzt. Aus diesem Grund untersucht Temmler hauptsächlich die Strukturüberlagerung. [Tem12]

Die Strukturüberlagerung erfolgt durch aufeinanderfolgende Belichtungen. Für jede Belichtung wird, nach Formel 2.11 und Formel 2.12, eine Laserleistungsmodulation mit angepasster mittlerer Laserleistung, Laserleistungsamplitude, Phase und Strukturwellenlänge verwendet. Für die Erzeugung von Strukturen mit unterschiedlichen Strukturwellenlängen werden in der Regel verschiedene Laserstrahldurchmesser verwendet. [Tem12]

Formel 2.11

$$P_{L1}(x) = P_{M1} + P_{A1} \cdot \sin\left(\frac{2\pi}{\lambda_1}x + \varphi_1\right)$$

Formel 2.12

$$P_{L2}(x) = P_{M2} + P_{A2} \cdot \sin\left(\frac{2\pi}{\lambda_2}x + \varphi_2\right)$$

P_{L1}/P_{L2}: Laserleistung der 1./2. Belichtung
P_{M1}/P_{M2}: Mittlere Laserleistung
P_{A1}/P_{A2}: Laserleistungsamplitude der Strukturwellenlänge λ_1/λ_2
λ_1/λ_2: Strukturwellenlänge
φ_1/φ_2: Phasenverschiebung
x: Position

Die Strukturabweichung wird von der Bearbeitungsreihenfolge beeinflusst. Die Bearbeitungsreihenfolge sollte laut Temmler [Tem12] nach abnehmender Strukturwellenlänge sortiert werden. Ansonsten wird die mit der kleineren Strukturwellenlänge erzeugte Struktur durch die Strukturierung mit der größeren Strukturwellenlänge geglättet. Zudem sollte die Strukturwellenlänge λ_2 maximal halb so groß gewählt werden wie λ_1, da sonst die Profilhöhe der mit λ_1 erzeugten Strukturen reduziert wird. Die Komplexität der mittels Strukturüberlagerung erzeugbaren Strukturen ist somit eingeschränkt, da keine kleinen Strukturwellenlängendifferenzen strukturiert werden können. [Tem12]

Eine weitere Methode zur Erzeugung von nicht-periodischen Strukturen ist das Strukturieren mit Laserleistungsmodulationen, welche aus verschiedenen mathematischen Funktionen zusammengesetzt sind. Durch eine sinusförmige Laserleistungsmodulation in x- und y-Richtung nach Formel 2.13 kann die in Bild 8a dargestellte Noppenstruktur erzeugt werden. [Tem09, Tem11, Tem12]

Formel 2.13

$$P_L(x,y) = P_M + P_A \cdot \sin\left(\frac{2\pi}{\lambda}x\right) \cdot \sin\left(\frac{2\pi}{\lambda}y\right)$$

P_L: Laserleistung
P_M: Mittlere Laserleistung
P_A: Laserleistungsamplitude
λ: Strukturwellenlänge
x, y: Position

Durch die Kombination von verschiedenen mathematischen Funktionen, wie in Formel 2.14, können Laserleistungsmodulationen für die Erzeugung von nicht-periodischen Strukturen berechnet werden. Die dargestellte Funktion besteht aus zwei Termen, wobei beide Terme von x und von y abhängig sind. Der erste Term beschreibt ein elliptisches Feld mit der Breite w und der Höhe h. Der zweite Term einen exponentiellen Abfall der Laserleistung zum Rand des elliptischen Feldes. Die erzeugte Struktur ist in Bild 8b dargestellt. [Tem11, Tem12]

Formel 2.14

$$P_L(x,y) = P_M + P_A \cdot \sin\left(\frac{2\pi}{\lambda}\sqrt{x^2 + \frac{(y-h)^2 w^2}{h^2}}\right)\left(2 - e^{2\ln(2)\sqrt{\frac{x^2}{w^2}+\frac{y^2}{h^2}}}\right)$$

P_L: Laserleistung
P_M: Mittlere Laserleistung
P_A: Laserleistungsamplitude
λ: Strukturwellenlänge
w: Breite des elliptischen Felds
h: Höhe des elliptischen Felds
x, y: Position

Auch eine Strukturierung von nicht-periodischen Strukturen, wie der in Bild 8c dargestellten Ledernarbungsstruktur, ist über eine Anpassung der Laserleistungsmodulation möglich. Als Laserleistungsmodulation werden in diesem Fall Laserleistungssprünge anstelle von Sinusfunktionen verwendet. [Tem11, Tem12]

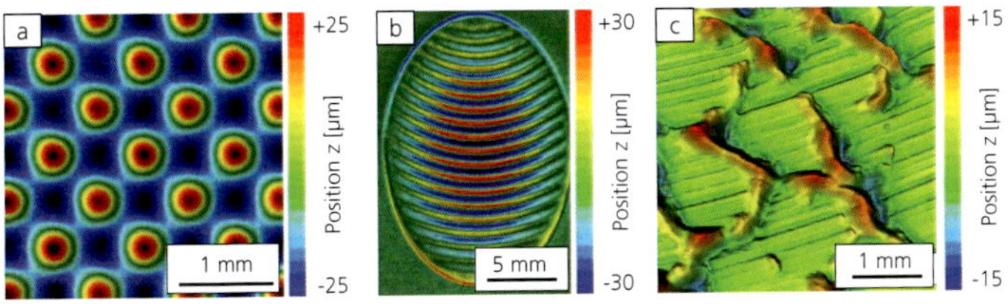

Bild 8: Oberflächentopografien von nicht-periodischen Strukturen.
a: Noppenstruktur
b: Elliptische Struktur
c: Ledernarbungsstruktur
Nachdruck mit Genehmigung von [Tem12], Copyright 2012, Shaker Verlag GmbH.

Temmler et al. [Tem17] untersuchen eine Methode, um nicht-periodische Strukturen durch eine Variation der Scanvektoren und des Spurabstandes zu erzeugen. In Bild 9 sind Beispiele für verschiedene Variationen dargestellt. Durch die, in Bild 9a dargestellte, sinusförmige Verzerrung der nach Formel 2.13 berechneten Scanvektoren wird die Struktur in Bild 9d erzeugt. Weitere untersuchte Scanvektorvariationen sind die Bearbeitung mit rotierenden Scanvektoren, wie in Bild 9b dargestellt, und die Bearbeitung mit einem einzigen spiralförmigen Scanvektor, wie in Bild 9c dargestellt. Die Laserleistungsmodulation kann in allen drei Fällen durch eine Sinusfunktion beschrieben werden. [Tem17]

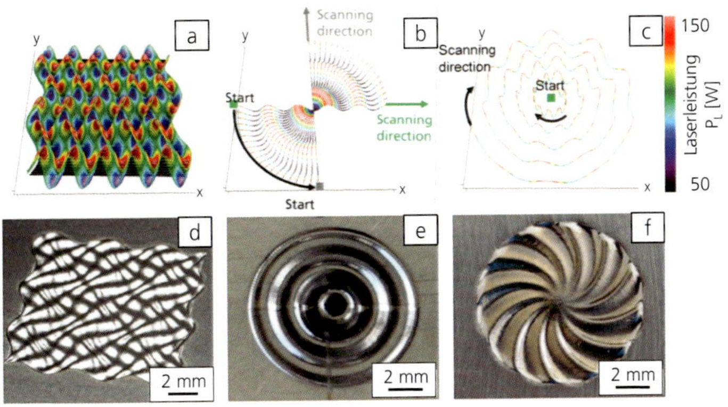

Bild 9: Scanvektoren (oben) und Fotografien (unten) der mittels Scanvektor- und Spurabstandvariationen erzeugten Strukturen.
a, d: Nicht-lineare Scanvektoren
b, e: Rotierende Scanvektoren
c, f: Spiralförmiger Scanvektor
Nachdruck mit Erlaubnis von [Tem17]. Copyright 2017, Laser Institute of America.

2.2.5 Laserbasiertes Destrukturieren

Von Oreshkin et al. [Ore15] wird untersucht, wie die Welligkeit nach dem Laserpolieren mittels einer Variante des Umschmelzstrukturierens, der Active Wave Reduction (AWR), reduziert werden kann [Ore15, Tem17]. In Bild 10a ist der Profilquerschnitt einer Oberfläche nach verschiedenen Bearbeitungsschritten dargestellt.

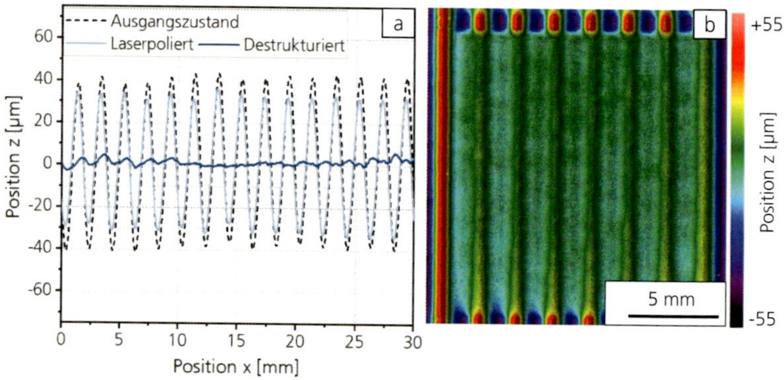

Bild 10: a: Profile der Ausgangstruktur, laserpoliert und destrukturiert b: Oberflächentopografie nach dem Destrukturieren. d_L = 250 µm; P_M = 100 W; P_A = 50 W; v_{scan} = 50 mm/s; d_y = 50 µm adaptiert nach Temmler [Tem17].

Der Ausgangszustand ist der Profilquerschnitt einer mit 2 mm Bahnversatz gefrästen Oberfläche. Durch Verwendung eines Kugelfräsers entsteht eine ausgeprägte kinematische Rauheit bzw. Welligkeit. Die Welligkeit dieser Oberfläche beträgt Wa = 12,1 ± 0,1 µm. Die Oberfläche wird anschließend mit einem Laserstrahldurchmesser von d_L = 250 µm laserpoliert. Wie aufgrund der Ergebnisse von Willenborg [Wil05] zu erwarten, wird die Profilhöhe der Frässtrukturen durch das Laserpolieren nur minimal reduziert. Die Welligkeit nach dem Laserpolieren beträgt Wa = 10,6 ± 0,2 µm. Durch das Umschmelzstrukturieren der inversen Struktur kann die Profilhöhe der Ausgangsstruktur um bis zu 86 % reduziert werden. Die Welligkeit nach der AWR beträgt Wa = 1,61 ± 0,1 µm. In Bild 10b ist die Oberflächentopografie der destrukturierten Oberfläche dargestellt. Am Rand des Bildes ist die Ausgangsstruktur zu erkennen. [Tem17]

Aus dem Stand der Technik ergibt sich somit, dass durch das Laserpolieren von PBF Oberflächen eine Rauheit von Ra/Sa ≤ 0,3 µm erzielt werden kann, die Welligkeit jedoch prinzipbedingt nur begrenzt reduzierbar ist. Für die Reduzierung der Welligkeit nach dem Laserpolieren kann diese destrukturiert werden, wofür verschiedene laserbasierte Strukturierungsverfahren in Frage kommen. Insbesondere das Umschmelzstrukturieren ist prinzipiell ein geeignetes Verfahren für die Reduzierung von Welligkeiten, da die erzeugten Strukturwellenlängen in der Größenordnung der zu beseitigenden Welligkeit liegen und durch den Prozess keine neue Rauheit induziert wird. Das Destrukturieren mittels Laserumschmelzstrukturieren von sinusförmigen Strukturen wurde bereits erfolgreich demonstriert. Im folgenden Kapitel wird die Ausgangssituation und der daraus resultierende Forschungsbedarf beschrieben, um die Zielsetzung der Arbeit mit einer geeigneten Vorgehensweise umsetzen.

3 Ausgangssituation, Zielsetzung und Vorgehensweise

Im folgenden Kapitel wird die Ausgangssituation aus dem Stand von Wissenschaft und Technik abgeleitet. Anschließend wird die Zielsetzung dieser Arbeit anhand von Forschungsfragen definiert und eine Vorgehensweise zur Beantwortung dieser Forschungsfragen erläutert.

3.1 Ausgangssituation

Aus der Analyse des Stands von Wissenschaft und Technik ergibt sich unter Berücksichtigung der Motivation die folgende Ausgangssituation:

- Durch das **Laserpolieren** können mit den konventionell verwendeten Laserstrahldurchmessern Strukturanteile mit Strukturwellenlängen bis zu $\lambda \leq 500$ µm geglättet werden. Für laserpolierte Oberflächen liegt die Strukturwellenlänge, ab der zwischen Rauheit und Welligkeit differenziert wird, der sogenannte Cutoff, bei $\lambda_c = 800$ µm. Somit wird hauptsächlich die Rauheit geglättet. Bei einer normgerechten Rauheitsmessung nach DIN EN ISO 4288 wird diese für PBF Oberflächen durch das Laserpolieren auf Ra/Sa = 0,35 µm - 1 µm reduziert. Eine Rauheit von Ra/Sa ≤ 0,3 µm wird im Stand der Technik nur erreicht, wenn nach Norm zu kurze Messlängen bzw. Messfeldgrößen verwendet werden oder wenn diese nicht angegeben sind.
- Die Welligkeit wird im Stand der Technik nicht explizit betrachtet und ist durch das Laserpolieren prinzipbedingt nur begrenzt reduzierbar, da Strukturwellenlängen nur bis zum doppelten Laserstrahldurchmesser effektiv geglättet werden können. Nach dem Laserpolieren ist somit noch Welligkeit auf der Bauteiloberfläche vorhanden.
- Für die Reduzierung der Welligkeit nach dem Laserpolieren soll diese destrukturiert werden. Dafür kommen verschiedene laserbasierte Strukturierungsverfahren in Frage. Die Evaluation der Strukturierungsverfahren erfolgt über die in Kapitel 1 geforderten Kriterien. Die folgenden Verfahren sind aus den dargestellten Gründen nicht für das Destrukturieren der Welligkeit geeignet:
    - Mittels **USP-Abtrag** erzeugte Strukturen weisen Strukturwellenlängen von maximal $\lambda = 40 - 100$ µm auf, welche um ca. eine Größenordnung kleiner sind als die der zu beseitigenden Welligkeit.

- Die mittels **DLIP** erzeugten Strukturen weisen Strukturwellenlängen von wenigen Mikrometern in lateraler Richtung auf, welche um mehrere Größenordnungen kleiner als die Strukturwellenlängen der zu beseitigen Welligkeit sind. Zudem muss die initiale Rauheit mit Ra = 60 nm klein sein, um definierte und unterscheidbare Oberflächenstrukturen zu erzeugen. Die PBF Oberfläche nach dem Laserpolieren weist nach derzeitigem Stand der Technik keine so kleine Rauheit auf.

- Durch das **Surfi-ScupIt®** werden Strukturen erzeugt, die eine große Oberflächenrauheit aufweisen. Da die Rauheit bereits durch das Laserpolieren geglättet wird, sollte durch das Strukturieren keine neue Rauheit auf der Oberfläche induziert werden.

- Die mittels **PLµS** erzeugten Strukturen weisen Strukturwellenlängen von λ = 0,05 – 0,2 mm auf, die um eine bis zwei Größenordnungen kleiner sind als die Strukturwellenlängen der Welligkeit nach dem Laserpolieren.

- Das Umschmelzstrukturieren ist prinzipiell ein geeignetes Verfahren für die Reduzierung von Welligkeiten, da die erzeugten Strukturwellenlängen in der Größenordnung der zu beseitigenden Welligkeit liegen und durch den Prozess keine neue Rauheit induziert wird. Die erzeugten Strukturen sind jedoch in einem großen Verfahrensparameterbereich asymmetrisch, was einer formgenauen Strukturerzeugung derzeit im Weg steht. Für das **Destrukturieren** von sinusförmigen Strukturen existiert ein „Proof of concept". Das Destrukturieren von nicht-periodischen Strukturen wird bisher nicht untersucht.

- Für die Erzeugung von nicht-periodischen Strukturen mittels **Umschmelzstrukturieren** existieren bisher drei Ansätze. Nicht-periodische Strukturen, wie die Welligkeit nach dem Laserpolieren, können mit diesen Ansätzen bisher nicht strukturiert oder destrukturiert werden.

    - Bei der Überlagerung von Sinusstrukturen wird zwischen der Strukturüberlagerung und der Signalüberlagerung unterschieden. Die Strukturüberlagerung ist nicht für die Erzeugung von nicht-periodischen Strukturen mit kleinen Strukturwellenlängenunterschieden, wie sie bei realen Oberflächen vorkommen, geeignet. Die Strukturabweichung bei mittels Signalüberlagerung erzeugten Strukturen steigt mit zunehmender Anzahl von Belichtungen. Da eine Vergrößerung der Profilhöhe durch eine Steigerung der Anzahl der Belichtungen erreicht wird, ist die maximale Profilhöhe, die mit der Signalüberlagerung erreicht werden kann, begrenzt.

  - Durch die ausschließliche Anpassung von Scanvektoren und Scanrichtung bei sinusförmiger Laserleistungsmodulation können keine nicht-periodischen Strukturen strukturiert werden. Dafür müsste auch die Laserleistungsmodulation angepasst werden.

- Die primären Analysegrößen für das **Umschmelzstrukturieren** sind derzeit die Profilhöhe und die Strukturwellenlänge der erzeugten Strukturen. Für die quantitative **Beurteilung der Struktur- und insbesondere der Formabweichung** werden in der Literatur mehrere Methoden beschrieben. Die Methoden sind jedoch nur für Sinusstrukturen und nicht für nicht-periodische Strukturen geeignet.

- Zur **Reduzierung der Formabweichung** von mittels **Umschmelzstrukturieren** erzeugten Strukturen werden zwei Ansätze beschrieben. Der erste Ansatz basiert auf einer bidirektionalen Bearbeitung bei einer Steigerung der Anzahl an Belichtungen, während der zweite Ansatz auf einer analytischen Anpassung der Berechnung der Laserleistungsmodulation basiert. Beide Ansätze sind auf die Erzeugung von sinusförmigen Strukturen angepasst und für nicht-periodische Strukturen bisher noch nicht untersucht.

3.2 Zielsetzung und Forschungsfragen

Aus der erläuterten Ausgangssituation geht hervor, dass die Welligkeit auf laserpolierten PBF Bauteilen bisher nicht mittels laserbasiertem Umschmelzstrukturieren/ Destrukturieren reduziert werden kann. Die übergeordnete Zielsetzung dieser Arbeit besteht daher darin, eine Prozesskette aus Laserpolieren und Destrukturieren zu entwickeln. Durch das Laserpolieren soll die Rauheit und durch das Destrukturieren die Welligkeit reduziert werden. Die zu entwickelnde Prozesskette ist schematisch in Bild 11 dargestellt. Zuerst soll ein Laserpolierschritt der Ausgangsoberfläche erfolgen, um zunächst die Rauheit zu reduzieren und damit die Messzeit zur Bestimmung der Oberflächentopografie zu reduzieren. Anschließend erfolgt die Messung der Oberflächentopografie. Auf Basis der gemessenen Oberflächentopografiedaten wird eine geeignete Laserleistungsmodulation für das Destrukturieren der Welligkeit berechnet. Im letzten Schritt erfolgt das Destrukturieren der Welligkeit mit der berechneten Laserleistungsmodulation.

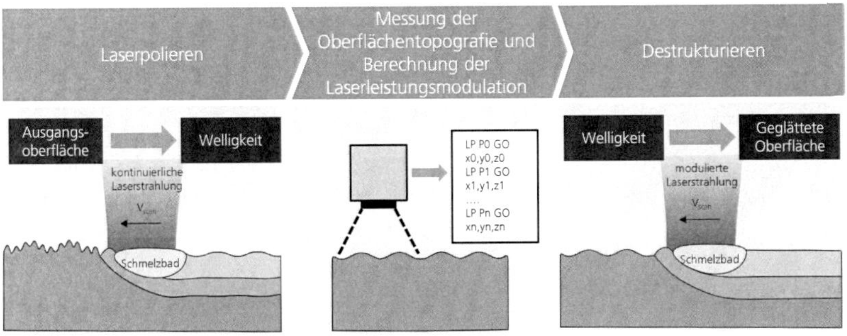

Bild 11: Schematische Darstellung der Prozesskette zum Laserpolieren und Destrukturieren.

Die Welligkeit ist im Gegensatz zu den bisher mittels Umschmelzstrukturieren erzeugten, sinusförmigen Strukturen eine nicht-periodische Struktur. Daher muss zunächst ein Ansatz für das Strukturieren von nicht-periodischen Strukturen entwickelt werden. Die Hauptforschungsfrage dieser Arbeit lautet somit: Bis zu welcher Strukturabweichung können nicht-periodische Strukturen, wie die Welligkeit auf PBF Oberflächen nach dem Laserpolieren, mittels Umschmelzstrukturieren erzeugt und wieder destrukturiert werden?

Für die Entwicklung der in Bild 11 gezeigten Prozesskette und die Beantwortung der Hauptforschungsfrage müssen die im Folgenden beschriebenen wissenschaftlichen Fragestellungen beantwortet werden.

- **Laserpolieren von PBF gefertigten Bauteilen**

  a. Welche Profilhöhen und überlagerten Strukturwellenlängen weist die Welligkeit, die nicht durch das Laserpolieren reduziert werden kann, auf?

- **Strukturieren und Destrukturieren von nicht-periodischen Strukturen**

  a. Wo liegen die Grenzen des Verfahrens in Hinblick auf maximale und minimale Strukturwellenlänge, Anzahl der erzeugbaren, überlagerten Strukturwellenlängen und minimaler und maximaler Profilhöhe?

  b. Mit welcher Laserleistungsmodulation können nicht-periodische Strukturen erzeugt und destrukturiert werden? Wie kann diese analytisch oder numerisch aus der gemessenen Oberflächentopografie einer laserpolierten Oberfläche berechnet werden?

c. Wie kann quantitativ bestimmt werden, welche Strukturabweichung die erzeugten Strukturen, insbesondere in Bezug auf die Formabweichung, aufweisen?

d. Wie weit kann die Welligkeit reduziert werden? Wie groß ist die Profilhöhe und die Strukturwellenlänge der Welligkeit einer mittels PBF gefertigten Oberfläche nach dem Laserpolieren und anschließendem Destrukturieren?

3.3 Vorgehensweise

Zum Erreichen der Zielsetzung dieser Arbeit und für die Beantwortung der formulierten Forschungsfragen wird die Arbeit in die in Bild 12 dargestellten Kapitel gegliedert.

Ausgehend von der in Kapitel 1 dargestellten Motivation und den Herausforderungen für die Nachbearbeitung von PBF gefertigten Bauteilen und dem Stand von Wissenschaft und Technik in Kapitel 2 wird in Kapitel 3 die Ausgangssituation, die Zielsetzung der Arbeit sowie Forschungsfragen abgeleitet. Anschließend wird die Vorgehensweise zur Beantwortung der Forschungsfragen und zum Erreichen der Zielsetzung formuliert.

Die verwendete Anlagentechnik, Analysemethodik und der verwendete Werkstoff werden in Kapitel 4 charakterisiert und erläutert. Eine geeignete Methode zur Ermittlung der quantitativen Strukturabweichung für nicht-periodische, mittels Umschmelzstrukturieren erzeugte Strukturen, existiert bisher nicht. Daher wird eine neue Analysemethode für die Beurteilung der Struktur- und der Formabweichung entwickelt.

In Kapitel 5 wird die Welligkeit der PBF Oberflächen nach dem Laserpolieren analysiert. Dabei wird untersucht, inwieweit Rauheit und Welligkeit durch das Laserpolieren reduziert werden können. Zudem werden die Strukturwellenlängen der Welligkeit mithilfe einer FFT analysiert.

Für ein tieferes Prozessverständnis des Destrukturierens dieser Welligkeit müssen zunächst nicht-periodische Strukturen reproduzierbar strukturiert werden können. In Kapitel 6 werden verschiedene Ansätze zur Berechnung der Laserleistungsmodulation untersucht. Aus modelltheoretischen Betrachtungen von Temmler und Pirch [Tem20b, Tem20c] wird dabei der Integrationsansatz als neuer Ansatz für die Berechnung einer geeigneten Laserleistungsmodulation abgeleitet.

In Kapitel 7 wird der Integrationsansatz für 1-dimensionale und 2-dimensionale periodische und nicht-periodische Strukturen[3] untersucht. In grundlegenden experimentellen Untersuchungen werden dabei Erkenntnisse über die Strukturausbildung gewonnen, auf Basis derer die Berechnung der Laserleistungsmodulation iterativ angepasst wird.

Bild 12: Ablaufdiagramm zur Vorgehensweise im Rahmen der vorliegenden Arbeit.

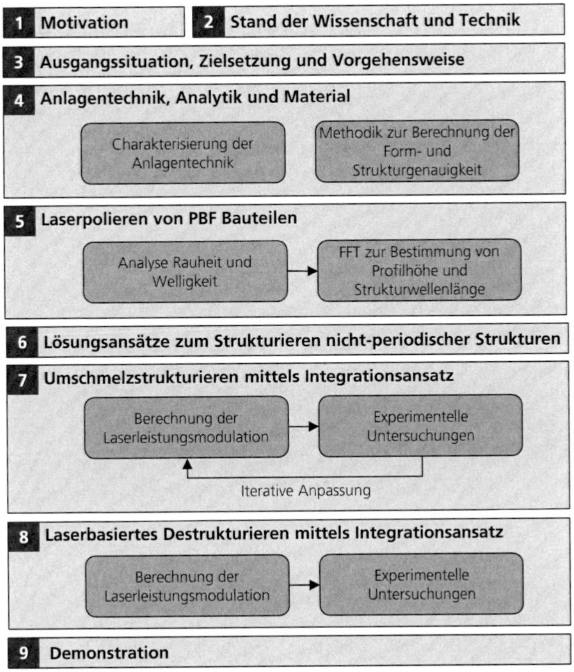

Die in Kapitel 7 erzeugten Strukturen werden in Kapitel 8 destrukturiert. Dazu wird mit dem Algorithmus aus Kapitel 7 die inverse Laserleistungsmodulation der zum Strukturieren verwendeten Laserleistungsmodulation berechnet und diese in einer zweiten Belichtung strukturiert. Für das Destrukturieren wird eine Variation verschiedener Verfahrensparameter und Bearbeitungsstrategien untersucht. In Kapitel 9 erfolgt anschließend eine Demonstration des Destrukturierens auf einer laserpolierten PBF Oberfläche.

[3] Jede erzeugte Struktur ist in geometrischer Hinsicht 3-dimensional. Im Rahmen dieser Arbeit bezieht sich die Dimensionsbezeichnung auf die Anzahl der Raumrichtungen, in welchen eine Struktur erzeugt wird. 1-dimensionale Strukturen weisen somit eine Struktur in x- oder y-Richtung auf und 2-dimensionale Strukturen eine Struktur in x- und y-Richtung.

4 Anlagentechnik, Analytik und Material

In diesem Kapitel wird die verwendete Analgentechnik charakterisiert. Dabei werden die Intensitätsverteilung und die Kaustik des Laserstrahls, die Modulationsfrequenz der Laserstrahlquelle und die bei der Signalübertragung der Positionierbefehle und Laserleistungsbefehle an den Scanner bzw. die Laserstrahlquelle auftretenden Totzeiten bestimmt. Weiterhin werden das Werkstückmaterial, die Werkstückpräparation und die verwendeten Verfahrensparameter beschrieben. Zuletzt werden die eingesetzte Analysemethode und die aus den Messwerten berechneten Kenngrößen erläutert.

4.1 Charakterisierung der Anlagentechnik

Alle Experimente im Rahmen dieser Arbeit werden mit der Anlage "Granit Handling" durchgeführt. Als Laserstrahlquelle wird der Faserlaser redPOWER (Trumpf Laser UK Ltd., Rugby, England) verwendet, von dem laut Hersteller kontinuierliche Laserstrahlung der Wellenlänge λ_{em} = 1075 nm – 1080 nm mit einer maximalen Laserleistung von $P_{L,max}$ = 500 W emittiert wird [SPI17]. Der in Bild 13 dargestellte, optische Aufbau dient der Fokussierung der Laserstrahlung auf die Werkstückoberfläche und der variablen Einstellung des Laserstrahldurchmessers.

Die aus der Laserstrahlquelle emittierte Laserstrahlung wird über ein Lichtleitkabel mit einem Faserkerndurchmesser von Ø = 300 µm und einer numerischen Apertur von NA = 0,1 in den optischen Aufbau eingekoppelt. Mit einer Kollimationslinse mit einer Brennweite von f_k = 114 mm, einem f-Theta-Objektiv mit einer Brennweite von f_T = 163 mm und einem Zoom-Teleskop kann der Laserstrahldurchmesser in der Fokusebene im Bereich von d_L = 120 – 625 µm stufenlos eingestellt werden. Mithilfe eines 3D-Scansystems, bestehend aus einem hurrySCAN30 (Scanlab GmbH, Puchheim, Deutschland), mit einer maximalen Scangeschwindigkeit von $v_{scan,max}$ = 3000 mm/s in der Fokusebene [Sca22], und einem varioSCAN40 (Scanlab GmbH, Puchheim, Deutschland), kann der fokussierte Laserstrahl über die Werkstückoberfläche bewegt werden.

Bild 13: Schematische Darstellung des optischen Aufbaus der Anlage „Granit Hadling".

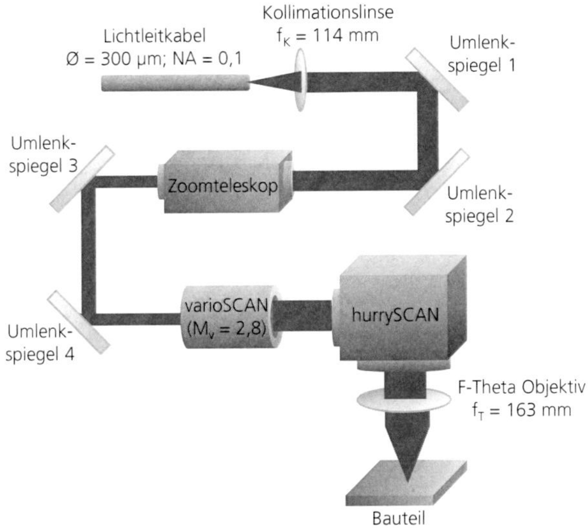

Der optische Aufbau ist an der Z-Achse befestigt, die eine Positionierung des Laserstrahlfokus relativ zum Werkstück ermöglicht (Bild 14). Die Bearbeitung erfolgt in einer Prozessgaskammer unter Argon-Atmosphäre, um eine Oxidation bei der Laserbearbeitung zu vermeiden. Die Einkopplung der Laserstrahlung in die Prozessgaskammer erfolgt über ein antireflexions-beschichtetes Schutzglas. Der Restsauerstoffgehalt wird auf ≤ 100 ppm eingestellt und mit einem Sauerstoffmessgerät SGM5T (Zirox GmbH, Greifswald, Deutschland) gemessen. Die laterale Positionierung des Werkstücks zum Laserstrahlfokus erfolgt durch die X- und Y-Achse unterhalb der Prozessgaskammer. Innerhalb der Prozessgaskammer befinden sich zwei motorisierte Drehachsen B und C, die eine Rotation des Werkstücks um die Y- und Z- Achse ermöglichen. Die Steuerung aller Achsen erfolgt über eine NC-Steuerung. Für die Bearbeitung wird das Werkstück mithilfe der mechanischen Achsen positioniert.

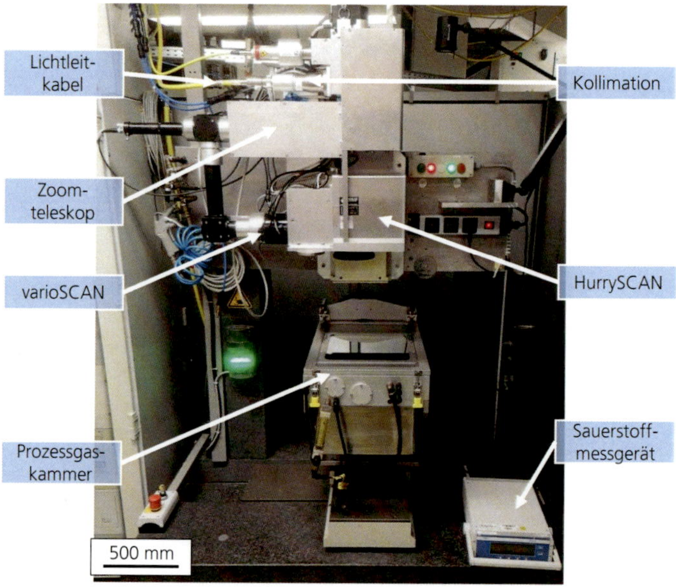

Bild 14: Fotografie der verwendeten Anlage „Granit Handling".

Die Intensitätsverteilung und Kaustik der Laserstrahlung wird mit einem MicroSpotMonitor MSM (Primes GmbH) gemessen. In Bild 15a ist die Kaustik in und nahe der Fokusebene dargestellt. Bild 15b zeigt die Intensitätsverteilung der Laserstrahlung in der Fokusebene. Der Laserstrahldurchmesser in der Fokusebene beträgt ca. $d_L = 250$ µm. Die Strahlqualität beträgt $M^2 = 30,4$. Die Rayleigh-Länge wird zu $r_z = 1,51$ mm und der Divergenzwinkel zu $\Theta = 144,4$ mrad berechnet. Die Intensitätsverteilung kann näherungsweise durch eine Top-Hat Intensitätsverteilung beschrieben werden.

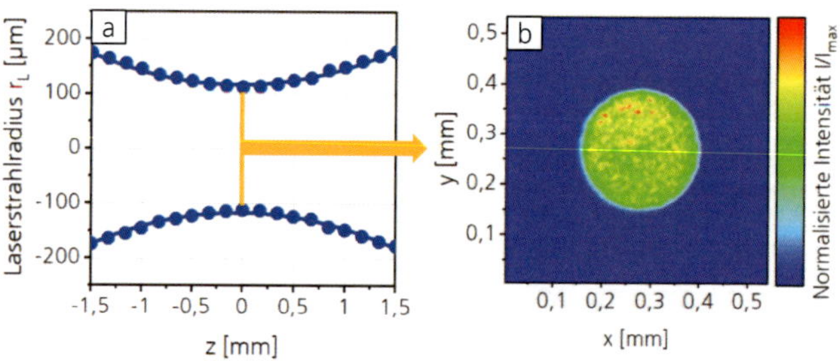

Bild 15:
a: Kaustik der Laserstrahlung.
b: Intensitätsverteilung der Laserstrahlung in der Fokusebene.

Die Vorgabe der Laserleistung erfolgt prozentual durch ein analoges 0 - 10 V-Signal. Die vom Laser ausgegebene Laserleistung in Watt wird mithilfe des Leistungsmesskopfs LM1000 (Coherent Inc., Santa Clara, USA) bestimmt und ist für eine prozentuale Laserleistungsvorgabe von 10 - 100 % in Bild 16 dargestellt. Der Messfehler des LM1000 beträgt nach Datenblatt 5 % [Coh21]. Der Zusammenhang zwischen Laserleistungsvorgabe und gemessener Laserleistung kann nach Formel 4.1 mit einem Bestimmtheitsmaß von $R^2 = 0{,}99$ als linear angenommen werden.

Formel 4.1

$$P_L = 227{,}08\,W \cdot P_{L,Vorgabe}$$

P_L: Gemessene Laserleistung
$P_{L,Vorgabe}$: Laserleistungsvorgabe

Bild 16: Gemessene Laserleistung der verwendeten Laserstrahlquelle in Abhängigkeit der Laserleistungsvorgabe.

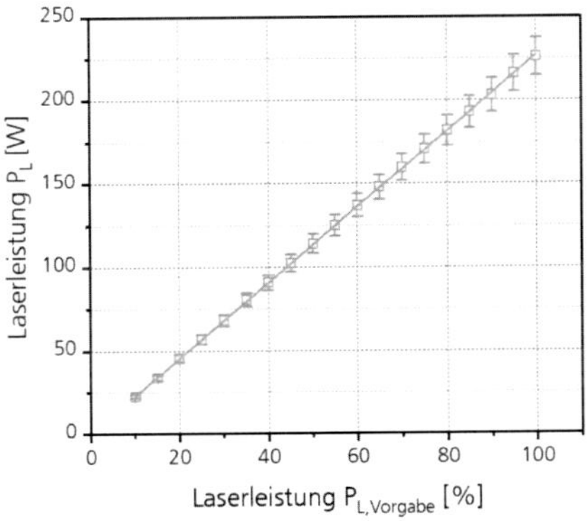

Die verwendete Laserstrahlquelle weist laut Hersteller eine maximale Modulationsfrequenz der Laserleistung von $f_{mod} = 50$ kHz auf [SPI17]. Bei einer Scangeschwindigkeit von $v_{scan} = 50$ mm/s beträgt die maximale Modulationswellenlänge somit $\lambda_{mod} = 1$ µm. Da im Rahmen dieser Arbeit Welligkeit mit Strukturwellenlängen von $\lambda > 0{,}5$ mm erzeugt und destrukturiert werden sollen, ist die Modulationsfrequenz um Größenordnungen kleiner als die Strukturwellenlänge und damit ausreichend, um die Laserleistungsmodulation konturgenau abzubilden.

Während des Prozesses werden Laserstrahlquelle und Scanner über eine Scanner-PC-Interfacekarte RTC3 (Scanlab GmbH) angesteuert. Eine Laserleistungsmodulation kann über die RTC3 als Punktliste ausgeführt werden. Für die Erzeugung einer Punktliste wird die zu erzeugende Struktur zunächst mit einem festen Stützstellenabstand diskretisiert. Jeder Stützstelle wird anschließend eine Position in der x,y-Ebene und eine Laserleistung zugeordnet.

Für die Wahl des Stützstellenabstands muss das Mark-Delay Δt_{Mark} berücksichtigt werden. Mit jedem Positionierbefehl wird von der RTC3 automatisch ein sogenanntes Mark-Delay ausgeführt, welches mindestens Δt_{Mark} = 10 µs beträgt [Sca08]. Bei großen Mark-Delays steigt die Abweichung der Ist-Befehlsfrequenz[4] zur Soll-Befehlsfrequenz, was in einer Reduzierung der effektiven Scangeschwindigkeit resultiert. Damit die Ist-Befehlsfrequenz bei Δt_{Mark} = 10 µs maximal 5 % von der Soll-Befehlsfrequenz abweicht, darf die maximale Befehlsfrequenz $f_{C,10\,\mu s}$ = 5,2 kHz betragen [Tem12]. Für das Umschmelzstrukturieren besteht eine Stützstelle immer aus einem Positionierbefehl und einem Laserleistungsbefehl. Somit kann die Laserleistungsmodulation einer Soll-Struktur in lateraler Richtung maximal mit 2600 Stützstellen pro Sekunde diskretisiert werden. Bei einer Scangeschwindigkeit von v_{scan} = 50 mm/s entspricht dies einem Stützstellenabstand von VL ≥ 19,2 µm.

Bei der Verarbeitung einer Punktliste durch die RTC3 werden die Positionierbefehle an den Scanner und die Laserleistungsbefehle an die Laserstrahlquelle übergeben. Durch den Scanner bzw. die Laserstrahlquelle erfolgt die Ausführung der Befehle. Die Signalübertragung der Positionierbefehle und Laserleistungsbefehle im Scanner bzw. in der Laserstrahlquelle ist als Ablaufdiagramm in Bild 17 dargestellt. Bei der Signalübertragung und Umwandlung entstehen Totzeiten, die sich für Scanner und Laserstrahlquelle unterscheiden. Für das ortsgenaue Strukturieren bzw. Destrukturieren ist entscheidend, die Dauer dieser Totzeiten möglichst exakt zu kennen.

Für die Positionierung des Laserstrahls wird während des Prozesses durch die RTC3 im 10 µs Takt eine neue Soll-Position der Scannerspiegel berechnet. Diese wird als 0-10 V-Signal an den Scankopf übergeben. Die genaue Totzeit Δt_{ES}, die durch Ansteuerung des Scankopfes entsteht, ist nicht bekannt. Durch einen analogen Regelkreis im Scankopf wird das Galvanometer angesteuert. Die Bewegung der Scannerspiegel erfolgt mit einer Verzögerung auf das Steuersignal. Diese Totzeit wird als Schleppverzug bezeichnet und beträgt für den HurryScan30 $\Delta t_{schlepp}$ = 0,55 ms [Sca22].

[4] Die Befehlsfrequenz beschreibt die Frequenz, mit welcher aufeinanderfolgende Befehle wie Laserleistungsbefehle oder Positionierbefehle ausgeführt werden.

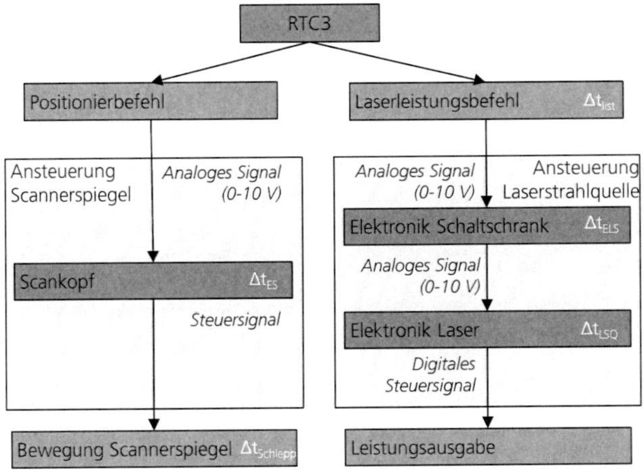

Bild 17: Ablaufdiagramm der Signalübertragung von der RTC3 zu Scanner und Laser. Möglicherweise auftretende Totzeiten sind in weiß dargestellt.

Auf jeden Laserleistungsbefehl erfolgt durch die RTC3 eine automatische Totzeit von Δt_{list} = 10 µs [Sca08]. Ein Laserleistungsbefehl wird von der RTC3 als analoges 0 - 10 V-Signal über den Schaltschrank der Anlage über einen Multiplikator und einen Trennverstärker an die Laserstrahlquelle weitergegeben, wobei die Totzeit Δt_{ELS} durch mehrfache Signalumwandlung entsteht.

In der Laserstrahlquelle wird das eingehende analoge in ein digitales Signal umgewandelt. Mit diesem Signal werden vom Netzteil Spannung und ein Strom generiert, mit welchen die Pumpdioden der Laserstrahlquelle versorgt werden. Die erzeugte Laserstrahlung wird in die Lichtleitfaser eingekoppelt und zum Werkstück geleitet. Von Signaleingang bis Ausgabe der Laserleistung entsteht die Totzeit Δt_{LSQ}.

Die Totzeiten zwischen einem von der RTC3 ausgegebenen Laserleistungsbefehl bzw. Positionierbefehl und der Ausgabe der Laserleistung bzw. der Bewegung der Scannerspiegel können nach Formel 4.2 bzw. Formel 4.3 beschrieben werden.

Formel 4.2

$$\Delta t_{Leistung} = \Delta t_{list} + \Delta t_{ELS} + \Delta t_{LSQ}$$

$\Delta t_{Leistung}$: Totzeit zwischen einem von der RTC3 ausgegebenen Laserleistungsbefehl und der Ausgabe der Laserleistung
Δt_{list}: Totzeit nach jedem Laserleistungsbefehl
Δt_{ELS}: Totzeit durch die Signalübertragung in der Elektronik des Schaltschranks
Δt_{LSQ}: Totzeit bei der Signalumwandlung in der Elektronik der Laserstrahlquelle und der Erzeugung der Laserstrahlung

Formel 4.3

$$\Delta t_{Position} = \Delta t_{ES} + \Delta t_{Schlepp}$$

$\Delta t_{Position}$: Totzeit zwischen einem von der RTC3 ausgegebenen Positionierbefehl und der Bewegung der Scannerspiegel
Δt_{ES}: Totzeit bei der Ansteuerung des Galvanometerss
$\Delta t_{Schlepp}$: Totzeit durch den Schleppverzeug der Scannerspiegel

Die Totzeit zwischen Laserleistungsbefehl bzw. Positionierbefehl und der Ausgabe der Laserleistung bzw. der Bewegung der Scannerspiegel kann aus den vorhandenen Informationen nicht vollständig bestimmt werden, da die Totzeiten Δt_{ES}, Δt_{EL} und Δt_{LSQ} nicht bekannt sind.

Aus den unterschiedlichen Totzeiten durch Scanner und Laser resultiert jedoch eine messbare, auf das Scannerkoordinatensystem bezogene, örtliche Verschiebung. Diese ist nach Formel 4.4 abhängig von der Scangeschwindigkeit.

Formel 4.4

$$\Delta x_{AT} = \Delta t_{Gesamt} \cdot v_{scan}$$

Δx_{AT}: Örtliche Verschiebung im Scannerkoordinatensystem
Δt_{Gesamt}: Zeitliche Gesamttotzeit durch die Signalverarbeitung in Laser und Scanner
v_{scan}: Scangeschwindigkeit

Um die örtliche Verschiebung zu bestimmen, wird die in Bild 18 schematisch dargestellte Laserleistungsmodulation bei verschiedenen Scangeschwindigkeiten auf einem eloxierten Aluminiumblech ausgeführt. Zunächst wird eine Einzelspur in x-Richtung markiert, wobei die Laserleistung nach der Hälfte der Einzelspur von P_L = 20 W auf P_L = 100 W vergrößert wird. Nach einem Jump wird eine Einzelspur in y-Richtung mit P_L = 100 W markiert, welche die Einzelspur in x-Richtung exakt an der Position der Laserleistungsänderung kreuzt. Von den beiden angegebenen Laserleistungen führt nur die Laserleistung von P_L = 100 W bei den gewählten Scangeschwindigkeiten zwischen v_{scan} = 25 mm/s – 3000 mm/s zu einem Abtrag der eloxierten Schicht und ist daher als Markierung auf der Oberfläche sichtbar. Mögliche Markierungen auf der Oberfläche sind in Bild 18 dargestellt. Neben der Möglichkeit, dass keine örtliche Verschiebung auftritt, kann diese entweder positiv oder negativ sein. Wenn die örtliche Verschiebung negativ ist, ist die Totzeit durch Positionierbefehl und Bewegung der Scannerspiegel länger als die Totzeit durch Laserleistungsbefehl und Ausgabe der Laserleistung. Wenn die örtliche Verschiebung positiv ist, ist die Totzeit durch Laserleistungsbefehl und Ausgabe der Laserleistung länger.

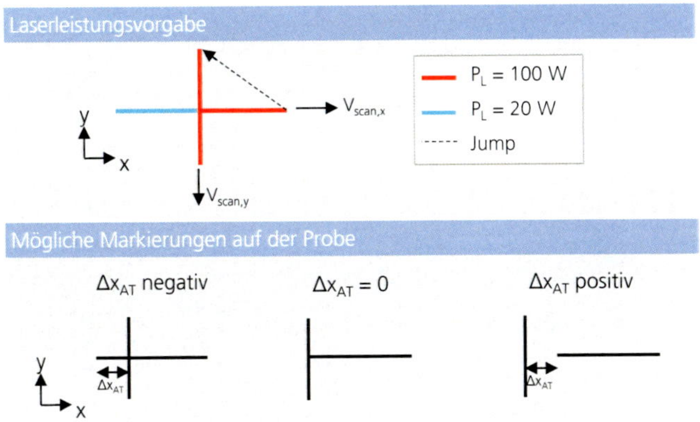

Bild 18: Schematische Darstellung der Laserleistungsvorgabe für die Messung der örtlichen Verschiebung (oben) und mögliche daraus resultierende Markierungen auf der Oberfläche (unten).

Eine messbare örtliche Verschiebung kann für Scangeschwindigkeiten zwischen v_{scan} = 500 mm/s – 3000 mm/s ermittelt werden. In Bild 19 ist der Mittelwert und die Standardabweichung der an jeweils fünf Stellen gemessenen örtlichen Verschiebung als Funktion der Scangeschwindigkeit aufgetragen. Die Gesamttotzeit ergibt sich aus der mittels linearem Fit (R^2 = 0,99) nach Formel 4.5 bestimmten Steigung der Geraden zu Δt_{Gesamt} = 0,433 ms.

Formel 4.5

$$\Delta x_{AT} = 0{,}433\ ms \cdot v_{scan} - 98{,}03\ \mu m$$

Δx_{AT}: örtliche Verschiebung im Scannerkoordinatensystem
v_{scan}: Scangeschwindigkeit

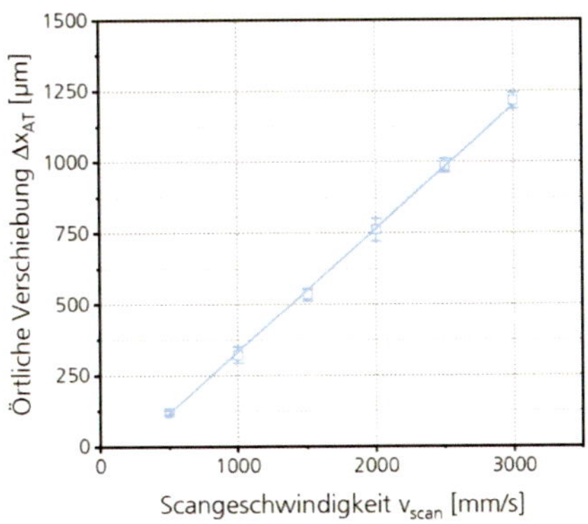

Bild 19: Gemessene örtliche Verschiebung in Abhängigkeit der Scangeschwindigkeit.

Unter der Annahme, dass die lineare Abhängigkeit zwischen örtlicher Verschiebung und Scangeschwindigkeit auch für Scangeschwindigkeiten von v_{scan} < 500 mm/s gilt, ergibt sich nach Formel 4.5 für v_{scan} = 50 mm/s eine örtliche Verschiebung von x_{AT} = -75,88 µm. Der Betrag der örtlichen Verschiebung ist damit kleiner als der verwendete Laserstrahldurchmesser von d_L = 250 µm und deutlich kleiner als die zu strukturierenden Strukturwellenlängen von $\lambda \geq 0,5$ mm (vgl. Kapitel 5). Daher kann die örtliche Verschiebung beim ortsgenauen Strukturieren und Destrukturieren mit der verwendeten Scangeschwindigkeit zumeist vernachlässigt werden.

4.2 Werkstückmaterial und -präparation

Für die Versuche zum Laserpolieren werden flache Werkstücke mit den Dimensionen 30 mm x 30 mm x 3 mm im PBF-Verfahren gefertigt. Weitere Informationen zur Fertigung der Werkstücke sind in Anhang 13.2 dargestellt. Dazu wird gasverdüstes Pulver des Werkzeugstahls 1.2343 (X37CrMoV5-1) (thyssenkrupp Materials Trading GmbH, Essen, Germany) verwendet. Die chemische Zusammensetzung ist in Tabelle 2 angegeben.

Tabelle 2: Chemische Zusammensetzung des Pulvers aus 1.2343 laut Herstellerangaben.

Element	C	Si	Mn	P	S	Cr	Mo	V	Fe
Anteil [wt.- %]	0,39	1,0	k.A.	k.A.	k.A.	5,3	1,3	0,4	Bal.

Die Versuche zum Umschmelzstrukturieren und zum Destrukturieren werden auf Werkstücken aus Stangenmaterial des Werkzeugstahls 1.2343 (Deutsche Edelstahlwerke GmbH, Witten, Deutschland) durchgeführt. Das Material wird mittels Elektroschlacke-Umschmelzen (ESU) verarbeitet [Deu16]. Die chemische Zusammensetzung ist in Tabelle 3 angegeben.

Tabelle 3: Chemische Zusammensetzung des Stangenmaterials aus 1.2343 laut Herstellerangaben.

Element	C	Si	Mn	P	S	Cr	Mo	V	Fe
Anteil [wt.- %]	0,37	0,96	0,43	0,014	<0,001	5,10	1,21	0,44	Bal.

Die Werkstücke werden aus rechteckigem Stangenmaterial mit einer Kantenlänge von 100 ± 0,1 mm hergestellt, indem daraus Flachproben mit einer Höhe von 10 ± 0,04 mm geschnitten und anschließend beidseitig geschliffen werden. Alle im Rahmen der Arbeit verwendeten Werkstücke werden aus der gleichen Materialcharge gefertigt. Die Flachproben weisen eine Planparallelität von ca. 25 µm auf. Um die Werkstücke zu homogenisieren und etwaige nichtmetallische Einschlüsse in der umgeschmolzenen Zone zu verdampfen, werden diese mittels

Laserstrahlung und den in Tabelle 4 dargestellten Verfahrensparametern umgeschmolzen (Schmelztiefe ca. 50 µm). Vor der Bearbeitung werden alle Werkstückoberflächen mit Isopropanol gereinigt.

Tabelle 4: Verfahrensparameter für die Probenpräparation

Verfahrensparameter	**Wert**
Laserstrahldurchmesser d_L	500 µm
Laserleistung P_L	250 W
Scangeschwindigkeit v_{scan}	100 mm/s
Spurversatz dy	30 µm

4.3 Verfahrensparameter

In Tabelle 5 und Tabelle 6 sind die im Rahmen dieser Arbeit verwendeten Verfahrensparameter für das Laserpolieren und das Umschmelzstrukturieren bzw. Destrukturieren zusammengefasst. Alle Versuche erfolgen dabei mit einem Laserstrahldurchmesser von d_L = 250 µm und der in Bild 15 dargestellten Intensitätsverteilung. Die konstanten Werte für die Scangeschwindigkeit und den Spurabstand werden für das Laserpolieren von 1.2343 von Willenborg [Wil05] abgeleitet.

Tabelle 5: Tabellarische Übersicht über die für das Laserpolieren verwendeten Verfahrensparameter.

Verfahrensparameter Laserpolieren	**Wert/ Bereich**
Laserstrahldurchmesser d_L	250 µm
Scangeschwindigkeit v_{scan}	50 mm/s
Spurabstand dy	50 µm
Laserleistung P_L	50 – 150 W
Anzahl an Belichtungen n	1 - 16

Die konstanten Werte für die Scangeschwindigkeit und den Spurabstand beim Umschmelzstrukturieren bzw. Destrukturieren werden von Temmler [Tem12] abgeleitet. Für die Bestimmung der mittleren Laserleistung und der maximalen Laserleistungsamplitude wird, wie von Temmler [Tem12] beschrieben, die Schmelzgrenze und die Verdampfungsgrenze bestimmt. Die mittlere Laserleistung und die maximale Laserleistungsamplitude werden anschließend nach Formel 2.2 bzw. Formel 2.3 berechnet.

Tabelle 6: Tabellarische Übersicht über die für das Umschmelzstrukturieren und Destrukturieren verwendeten Verfahrensparameter.

Verfahrensparameter Umschmelz-strukturieren und Destrukturieren	Wert/ Bereich
Laserstrahldurchmesser d_L	250 µm
Scangeschwindigkeit v_{scan}	50 mm/s
Spurabstand dy	62,5 µm
Mittlere Laserleistung P_M	119 W
Maximale Laserleistungsamplitude $P_{A,max}$	54 W
Laserleistungsamplitude P_A	6,75 – 54 W
Anzahl an Belichtungen n	1 - 24

Die einzelnen, mit verschiedenen Verfahrensparameterkombinationen erzeugten, Testfelder werden stets dreimal an unterschiedlichen Stellen des Werkstücks erzeugt und analysiert. Alle Kenngrößen werden für jedes der drei Testfelder bestimmt. Die in der Auswertung aufgetragenen Datenpunkte sind stets der Mittelwert und die Standardabweichung der drei Messungen.

4.4 Analytik

Wesentliche Kenngrößen für die Analyse der laserpolierten PBF Oberflächen sind die Rauheit und die Welligkeit der Oberfläche. Die einzelnen Strukturanteile der Rauheit und Welligkeit werden mithilfe einer schnellen Fourier-Transformation (engl. Fast Fourier Transform, FFT) in Hinblick auf die enthaltenen Strukturwellenlängen und Strukturamplituden analysiert. Eine Fouriertransformation ist eine Integraltransformation, die ein Signal in eine Summe von Sinusfunktionen unterschiedlicher Frequenzen mit zugehörigen Amplituden zerlegt. Der zur Berechnung verwendete Algorithmus ist in der Arbeit von Temmler [Tem12] ausführlich beschrieben. Die mittels Umschmelzstrukturieren erzeugten und destrukturierten Strukturen werden über die Strukturabweichung beurteilt, deren Berechnung im Folgenden beschrieben wird.

4.4.1 Messung der Oberflächentopografie

Die Oberflächentopografie wird mit einem Nexview NX2 (Zygo Corporations, Middlefield, USA) mittels Weißlichtinterferometrie (WLI) gemessen. Die Auflösung der Oberflächentopografiemessungen beträgt mit dem verwendeten Objektiv (5,5-fache Vergrößerung und 0,5-facher Zoom) in lateraler Richtung 3,14 µm und < 1 nm in vertikaler Richtung [Zyg18]. Für die Messung von Testfeldern mit einer Kantenlänge von > 3,14 mm werden mehrere Einzelaufnahmen mit einem

Überlapp von 20 % zusammengefügt. Der Messfehler auf den ermittelten Höhenwerten ist kleiner als 1 nm. Die Profilhöhe der erzeugten Strukturen liegt im einstelligen Mikrometerbereich. Der Messfehler ist damit um ein bis zwei Größenordnungen kleiner als die Messwerte und wird daher im Rahmen dieser Arbeit vernachlässigt.

4.4.2 Bestimmung von Rauheit und Welligkeit

Die Messung der Oberflächenbeschaffenheit erfolgt nach DIN EN ISO 4287 [DIN10] und DIN EN ISO 4288 [DIN98] für Profile und nach DIN EN ISO 25178 [DIN12a, DIN12b] für Flächen. Nach DIN EN ISO 4287 [DIN10] werden gemessene Primärprofile durch verschiedene Profilfilter in langwellige und kurzwellige Anteile unterteilt. Durch das λ_c-Profilfilter wird der Übergang (Cutoff) zwischen Rauheit und Welligkeit definiert. Nach DIN EN ISO 4287 wird dafür der in Bild 20a dargestellte Gauß-Filter verwendet. Strukturanteile mit Strukturwellenlängen $\lambda \leq \lambda_c$ werden als Rauheit definiert und mit $\lambda > \lambda_c$ als Welligkeit.

Bild 20: Schematische Darstellung von Profilfiltern zur Unterteilung der Oberfläche in Rauheit und Welligkeit.
a: Gaußfilter nach DIN EN ISO 4287
b: In dieser Arbeit verwendeter FFT-Filter

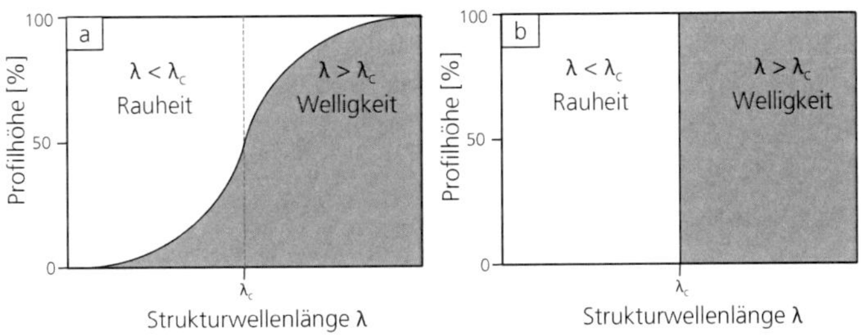

Der genaue Wert des Cutoffs ist dabei, wie in Tabelle 7 dargestellt, nach DIN EN ISO 4288 [DIN98] abhängig von der Rauheit Ra der Oberfläche. Für laserpolierte Oberflächen liegt die Rauheit zumeist bei Ra < 1 µm und der Cutoff damit bei λ_c = 0,8 mm. Die Rauheit von PBF gefertigten Bauteilen liegt in der Regel zwischen Ra = 5 und 20 µm. Nach Tabelle 7 wird der Cutoff als λ_c = 2,5 mm bzw. λ_c = 8 mm bestimmt.

Tabelle 7: Cutoff, Messstrecke und Gesamtmessstrecke für verschiedene Rauheitsbereiche nach DIN EN ISO 4288.

Rauheit Ra [µm]	**Cutoff λ_c [mm]**	**Messstrecke L_r [mm] / Gesamtmesstrecke L_n [mm]**
> 0,006...0,02	0,08	0,08 / 0,4
> 0,02...0,1	0,25	0,25 / 1,25
> 0,1...2	0,8	0,8 / 4
> 2...10	2,5	2,5 / 12,5
> 10...80	8	8 / 40

Bei der Rauheitsmessungen von Flächen werden die S-Filter, L-Filter und der F-Operator verwendet, um die Primäroberfläche in langwellige, kurzwellige und Form-Anteile zu unterteilen [DIN12a]. Durch den F-Operator werden Formanteile von der gemessenen Primäroberfläche entfernt. Durch den L-Filter werden laterale, langwellige Anteile entfernt und durch den S-Filter laterale, kurzwellige Anteile. Durch Anwendung der verschiedenen Filter bzw. Operatoren ergibt sich die S-F-Oberfläche, bei der kurzwellige Anteile und Form von der Primäroberfläche entfernt werden bzw. die S-L-Oberfläche, bei der kurzwellige und langwellige Strukturanteile von der Primäroberfläche entfernt werden [DIN12a].

Eine aus der flächenhaften Oberflächenmessung abgeleitete S-L-Oberfläche der S-F-Oberfläche ist mathematisch nicht dasselbe wie ein mittels Norm ermitteltes Oberflächenprofil. Um die Unterschiede der nach den Normen ermittelten Rauheitswerte für Profile Ra und Flächen Sa möglichst klein zu halten, sollten „derselbe" Filtertyp und die Grenzwellenlänge des Cutoffs nach Tabelle 7 für den L-Filter angewendet werden [DIN12b].

Für die Auswertung der erzeugten und destrukturierten Strukturen wird zunächst ein F-Operator auf die gemessenen Oberflächentopografiedaten angewendet. Dazu werden die gemessenen Daten maskiert und in eine Referenz- und Testfläche unterteilt. Der unbearbeitete Ausgangszustand wird als Referenzfläche definiert. Auf die Referenzfläche wird ein F-Operator mit einem Polynom 4. Ordnung angewendet. Die so erzeugte Ausgleichsfläche wird dann von der gesamten Oberflächentopografie subtrahiert.

Im Rahmen dieser Arbeit werden die Rauheit Sa und die Welligkeit Wa aus mittels WLI bestimmten Oberflächentopografien bestimmt. Die Messfläche zur Bestimmung der Rauheit beträgt 2,5 x 2,5 mm² und 15 x 15 mm² zur Bestimmung der Welligkeit. Die Trennung zwischen Rauheit und Welligkeit erfolgt abweichend von der Norm durch einen Cutoff von λ_c = 0,5 mm, da dieser dem Doppelten des Laserstrahldurchmessers entspricht. Zur Bestimmung der Rauheit und Welligkeit wird der in Bild 20b dargestellte FFT-Filter verwendet. Für die Rauheit wird ein

FFT-Bandpassfilter von λ = 0,06 mm - 0,5 mm und zur Bestimmung der Welligkeit ein FFT-Bandpassfilter von λ = 0,5 mm - 5 mm angewendet.

4.4.3 Berechnung der Strukturabweichung

Für die quantitative Beurteilung der Struktur- und Formabweichung werden in der Literatur mehrere Methoden beschrieben, welche jedoch nur für Sinusstrukturen und nicht für nicht-periodische Strukturen geeignet sind (vgl. Kapitel 2.2.3). Im Folgenden wird daher eine Methode zur Berechnung der Struktur- und Formabweichung von nicht-periodischen Strukturen entwickelt.

Als Strukturabweichung $Pa(\Delta)_S$ wird die quantitative Abweichung einer gemessenen Ist-Struktur von der vorgegebenen Soll-Struktur bezeichnet. Die Strukturabweichung wird als mittlere arithmetische Höhe der Differenz-Struktur zwischen einer Soll- und einer Ist-Struktur nach Formel 4.6 berechnet.

Formel 4.6

$$Pa(\Delta)_S = \frac{1}{A}\iint_A \left(\left|\Delta(x,y) - \overline{\Delta(x,y)}\right| \cdot dxdy\right)$$

$$mit \quad \Delta(x,y) = h_{Ist}(x,y) - h_{Soll}(x,y)$$

$Pa(\Delta)_S$: Strukturabweichung
A: Größe der Grundfläche der Soll- und Ist-Struktur
$\Delta(x,y)$: Differenz-Struktur
$\overline{\Delta(x,y)}$: Mittelwert der Differenz-Struktur
$h_{Ist}(x,y)$: Ist-Struktur
$h_{Soll}(x,y)$: Soll-Struktur
x,y: Position
dx, dy: Inkrement

Die Strukturabweichung kann sowohl für Profile als auch für Flächen berechnet werden. Insbesondere in den Kapiteln 6 und 7 werden grundlegende Untersuchungen zum Umschmelzstrukturieren durchgeführt, wobei Ist-Profile als ein aus der gemessenen Oberflächentopografie exportierter Profilquerschnitt analysiert werden. Dabei werden die Profilhöhe, die Phasenverschiebung und die Formabweichung zunächst getrennt analysiert. Für eine profilhöhen- und phasenverschiebungsunabhängige Berechnung der Formabweichung wird die Berechnung der Strukturabweichung angepasst. Um den Wert der Formabweichung unabhängig von der Profilhöhe zu berechnen, werden das Ist- und das Soll-Profil über den PV-Wert (Peak-to-Valley-Wert) auf Werte zwischen [-1;1] normiert. Da der PV-Wert durch lokale Rauheitsspitzen oder Messartefakte beeinflusst werden kann, wird bei der Berechnung des Differenz-Profils nach Formel 4.7 ein Faktor für die Skalierung der Höhe des Ist-Profils berücksichtigt. Zusätzlich wird eine Phasenverschiebung des Soll-Profils in x-Richtung berücksichtigt, um das Differenz-Profil unabhängig von der Phasenverschiebung zu berechnen.

Formel 4.7

$$\Delta(x) = ||h_{ist}(x)|| \cdot S - ||h_{soll}(x - \varphi)||$$

$\Delta(x)$: Differenz-Profil
$||h_{Ist}||$: Normiertes Ist-Profil
$||h_{Soll}||$: Normiertes Soll-Profil
S: Skalierung der Profilhöhe des Ist-Profils,
x: Position
φ: Verschiebung in x- Richtung

Die Berechnung der Formabweichung nach Formel 4.8 stellt ein Extremwertproblem mit den beiden Variablen S und φ dar. Durch eine computergestützte Variation der beiden Variablen wird die Kombination von Skalierung und Phasenverschiebung bestimmt, bei der die Formabweichung minimal wird. In dieser Arbeit wird die Skalierung mit einem Inkrement von 0,01 und die Phasenverschiebung mit einem Inkrement von 0,05 mm variiert.

Formel 4.8

$$Pa(\Delta)_F = \min\left(\frac{1}{L}\sum_{x=0}^{x=L}\left|\Delta(x) - \overline{\Delta(x)}\right|\right)$$

$Pa(x)_F$: Formabweichung
$\Delta(x)$: Differenz-Profil,
$\overline{\Delta(x)}$: Mittelwert des Differenz-Profils
L: Messlänge

Je kleiner die berechnete Formabweichung ist, desto größer ist die Übereinstimmung von Soll-Profil und gemessenem Ist-Profil. Bei einem Wert von $Pa(\Delta)_F = 0$ stimmen Soll- und Ist-Profil exakt überein, während Ist- und Soll-Profil bei einem Wert von $Pa(\Delta)_F = 0{,}5$ um 50 % voneinander abweichen. Die qualitative Bewertung der Formabweichung zwischen Soll- und Ist-Profil wird den berechneten Werten folgendermaßen zugeordnet:

- Sehr große Übereinstimmung: $Pa(\Delta)_F \leq 0{,}05$
- Große Übereinstimmung: $0{,}05 < Pa(\Delta)_F \leq 0{,}15$
- Mittlere Übereinstimmung: $0{,}15 < Pa(\Delta)_F \leq 0{,}25$
- Geringe Übereinstimmung: $0{,}25 < Pa(\Delta)_F \leq 0{,}35$
- Keine Übereinstimmung: $0{,}35 < Pa(\Delta)_F$

Zur Veranschaulichung dieser Zuordnung sind in Bild 21a-d unterschiedliche, generierte Ist-Profile und deren Differenz-Profil zu einem sinusförmigen Soll-Profil dargestellt. Aus dem Differenz-Profil zwischen einem sinusförmigen Soll-Profil und einem dreieckförmigen bzw. asymmetrischen, sinusförmigen Ist-Profil resultiert eine Formabweichung von $Pa(\Delta)_F = 0{,}072$ bzw. $Pa(\Delta)_F = 0{,}073$. Die Profile weisen somit nach der Zuordnung eine große Übereinstimmung auf. Aus dem

Vergleich eines sinusförmigen Soll-Profils und eines rechteckförmigen Ist-Profils wird eine Formabweichung von $Pa(\Delta)_F = 0{,}255$ bestimmt. Nach der Zuordnung weisen die Profile eine geringe Übereinstimmung auf. Ein sinusförmiges Soll-Profil und ein sinusförmiges Ist-Profil mit der halben Strukturwellenlänge des Soll-Profils weisen mit $Pa(\Delta)_F = 0{,}672$ keine Übereinstimmung zueinander auf.

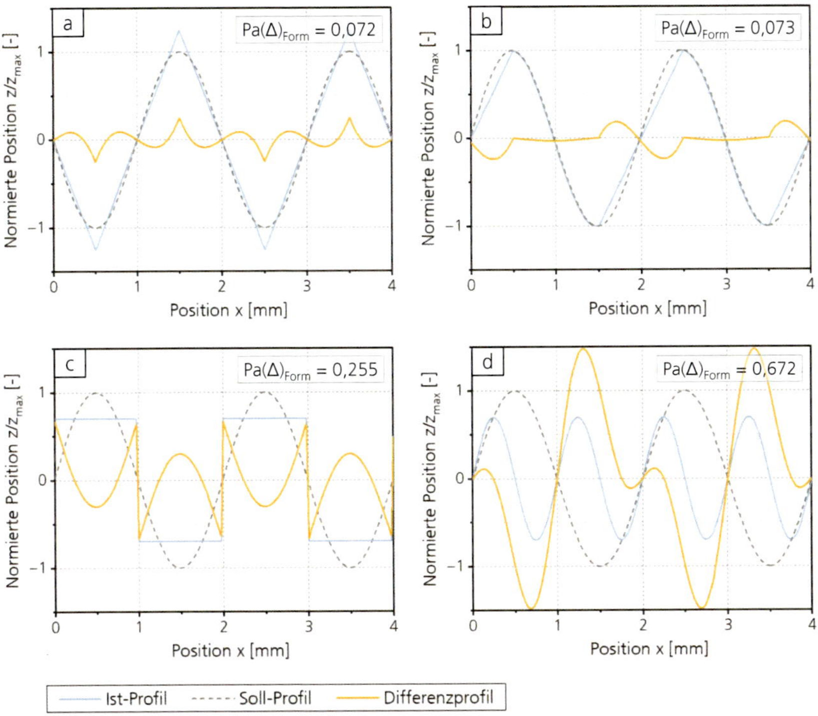

Bild 21: Vergleich eines sinusförmigen Soll-Profils mit verschiedenen, generierten Ist-Profilen durch die Berechnung des Differenz-Profils. Ist-Profil: a: dreieckförmig, b: asymmetrische Sinusform, c: rechteckförmig, d: sinusförmig mit halber Strukturwellenlänge des Soll-Profils.

Die Analyse der Reproduzierbarkeit bei der Berechnung der Formabweichung ist in Anhang 13.1 dargestellt. Dabei wird festgestellt, dass die Formabweichung mit der Messlänge steigt. Grund dafür ist, dass bei größeren Messlängen auch die Formabweichung bei größeren Strukturwellenlängen bei der Berechnung berücksichtigt wird. Für die Berechnung der Formabweichung von periodischen

Strukturen wird in Anlehnung an die Berechnung der Rauheit nach DIN EN ISO 25178-2 [DIN12a] eine Messlänge von L = 5*λ festgelegt. Für nicht-periodische Strukturen wird eine Messlänge von L = 20 mm festgelegt, da für diese Messlänge, wie in Anhang 13.1 dargestellt, die kleinste Abweichung bestimmt wird.

5 Welligkeit auf PBF gefertigten Bauteilen nach dem Laserpolieren

Die Welligkeit laserpolierter PBF Oberflächen wird im Stand der Technik nicht explizit betrachtet. Ziel der durchgeführten Untersuchungen ist daher, zu bestimmen, inwieweit Rauheit und insbesondere Welligkeit durch das Laserpolieren reduziert werden können.[5] Bild 22 zeigt eine Fotografie eines laserpolierten Testfelds auf einem PBF gefertigtem Werkstück. Das Laserpolieren führt dabei zu einem gesteigerten Glanzgrad der Oberfläche. Jedoch ist weiterhin eine langwellige Struktur zu erkennen, die auf eine noch vorhandene Welligkeit hinweist.

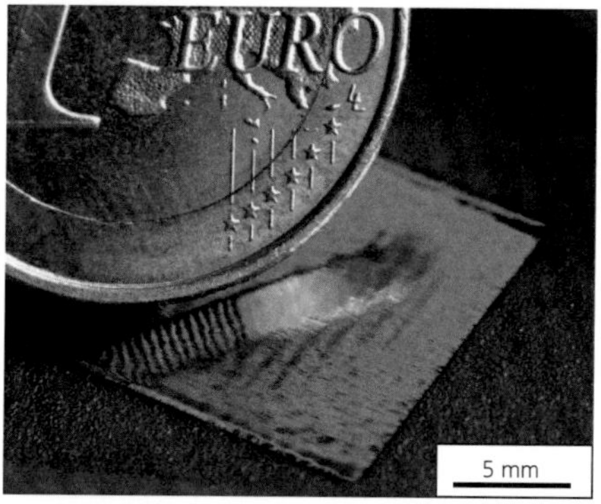

Bild 22: Fotografie eines laserpolierten Testfelds auf der Oberfläche eines mittels PBF gefertigten Werkstücks.

Für von Willenborg [Wil05] für 1.2343 bestimmte, konstante Werte für die Scangeschwindigkeit und den Spurabstand (vgl. Tabelle 5) werden Laserleistung und Anzahl an Belichtungen systematisch variiert, um den Einfluss beider Verfahrensparameter auf die Reduzierung von Rauheit und Welligkeit zu untersuchen. Nach Kiedrowski [Kie09] wird erwartet, dass die Rauheit mit steigender Laserleistung oder steigender Anzahl an Belichtungen zunächst kleiner wird, da die Ausgangsoberfläche zunehmend geglättet wird. Bei einer weiteren Steigerung der Laserleistung oder der Anzahl an Belichtungen wird keine weitere Rauheitsreduzierung erwartet [Kie09]. Der Einfluss der Variation der Verfahrensparameter auf die Welligkeit ist bisher nicht untersucht. Nach Willenborg [Wil05] wird durch das Laserpolieren Material entlang einer Strecke umverteilt, die maximal dem doppelten Laserstrahldurchmesser entspricht. Dies entspricht bei dem verwendeten Laserstrahldurchmesser von d_L = 250 µm einer Strecke von 500 µm. Daher ist nicht zu erwarten, dass Welligkeit durch das Laserpolieren reduziert wird.

[5] Teilaspekte dieses Kapitels wurden von der Verfasserin bereits veröffentlicht [Kre22].

Zunächst wird bei einer Belichtung die Laserleistung in fünf Stufen P_L = 50; 75; 100; 125 und 150 W variiert. Für eine konstante Laserleistung von P_L = 125 W wird anschließend die Anzahl der Belichtungen in 6 Stufen n = 1; 2; 4; 8; 16 und 24 variiert. In Bild 23a sind die Rauheit und die Welligkeit in Abhängigkeit der Laserleistung und in Bild 23b in Abhängigkeit der Anzahl an Belichtungen dargestellt. Die Ausgangsrauheit und die Ausgangswelligkeit werden an fünf der nicht laserpolierten PBF Oberfläche bestimmt und sind als farbig markierte Bereiche eingezeichnet. Die Ausgangsrauheit beträgt Sa = 12,73 µm - 13,73 µm und die Ausgangswelligkeit Wa = 2,34 – 2,38 µm.

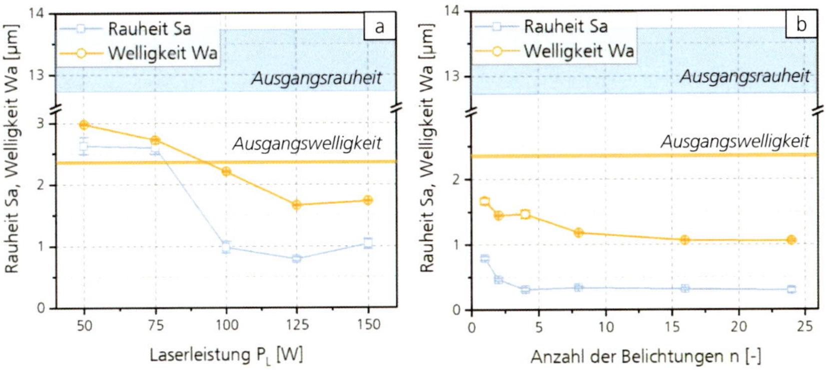

Bild 23: Abhängigkeit der Rauheit und Welligkeit von a: der Laserleistung bei einer Belichtung und b: der Anzahl an Belichtungen mit P_L = 125 W für d_L = 250 µm; v_{scan} = 50 mm/s; dy = 50 µm.

Alle untersuchten Laserleistungen führen wie erwartet zu einer Verkleinerung der Rauheit. Bis zu einer Laserleistung von P_L = 125 W führt eine größere Laserleistung zu einer größeren Reduzierung der Rauheit. Die kleinste erreichte Rauheit für n = 1 beträgt Sa = 0,79 µm und wird bei einer Laserleistung von P_L = 125 W erreicht. Die Rauheit wird um 94 % reduziert. Im Gegensatz zur Rauheit wird die Welligkeit bei kleinen Laserleistungen von P_L = 50 W und P_L = 75 W vergrößert. Bei Laserleistungen von P_L = 100 W bis P_L = 150 W wird die Welligkeit verkleinert. Die mit 29 % größte Reduzierung der Welligkeit erfolgt für n = 1 mit einer Laserleistung von P_L = 125 W. Die kleinste erreichte Welligkeit bei n = 1 beträgt Wa = 1,67 µm.

Bei steigender Anzahl an Belichtungen wird sowohl die Rauheit als auch die Welligkeit weiter reduziert. Bis zu n = 4 Belichtungen wird die Rauheit bis auf Ra = 0,31 µm um insgesamt 98 % reduziert. Eine weitere Steigerung der Anzahl an Belichtungen auf n = 8; n = 16 und n = 24 führt, wie nach Kiedrowski [Kie09] erwartet, zu keiner weiteren Reduzierung der Rauheit. Die Änderung der Rauheit beträgt dabei stets weniger als 9 %. Die Welligkeit wird bis zu n = 16 mit steigender Anzahl an Belichtungen kleiner. Für n = 24 kann die Welligkeit jedoch nicht weiter reduziert werden. Die maximal erzielte Reduzierung der Welligkeit beträgt 55 %. Die erzielte Rauheit ist ähnlich zu den im Stand der Technik in Kapitel 2.1 ermittelten Werten. Die Welligkeit kann hingegen selbst nach n = 24 Belichtungen nicht auf Wa < 1 µm verkleinert werden, wodurch die Erwartungen nach Willenborg [Wil05] bestätigt werden.

Die in Hinblick auf die Flächenrate und die erzielte Rauheit bzw. Welligkeit effizienteste der untersuchten Verfahrensparameterkombinationen ist eine Laserleistung von P_L = 125 W und n = 4. Für diese Verfahrensparameterkombination soll ermittelt werden, welche Strukturwellenlängenanteile der Welligkeit nicht durch das Laserpolieren reduziert werden können. Dazu werden aus jeweils einem ungefilterten Profilquerschnitt der PBF Oberfläche vor und nach dem Laserpolieren mittels FFT die in Bild 24a und Bild 24b dargestellten Frequenzspektren berechnet. Die vertikale Linie bei der Frequenz von f = 2 mm^{-1} entspricht einer Strukturwellenlänge von λ = 0,5 mm und gibt damit die Frequenz an, bei der zwischen Rauheit und Welligkeit unterschieden wird.

Beide Frequenzspektren zeigen eine Überlagerung von einer Vielzahl an Frequenzen. Die betrachteten Profilquerschnitte können damit als nicht-periodische Struktur betrachtet werden. Im Frequenzspektrum vor dem Laserpolieren (Bild 24a) werden für alle untersuchten Frequenzen sowohl im Bereich der Welligkeit als auch im Bereich der Rauheit deutlich größere Amplituden bestimmt als nach dem Laserpolieren. Nach dem Laserpolieren weisen die Frequenzen im Bereich der Rauheit nur noch Amplituden von A_f < 0,125 µm auf. Im Bereich der Welligkeit weisen die Frequenzen, wie in Bild 24c zu erkennen eine deutlich größere Amplitude auf als im Bereich der Rauheit. Die größte Amplitude von A_f = 1,49 µm wird bei einer Frequenz von f = 0,5 mm^{-1} (λ = 2 mm) erreicht.

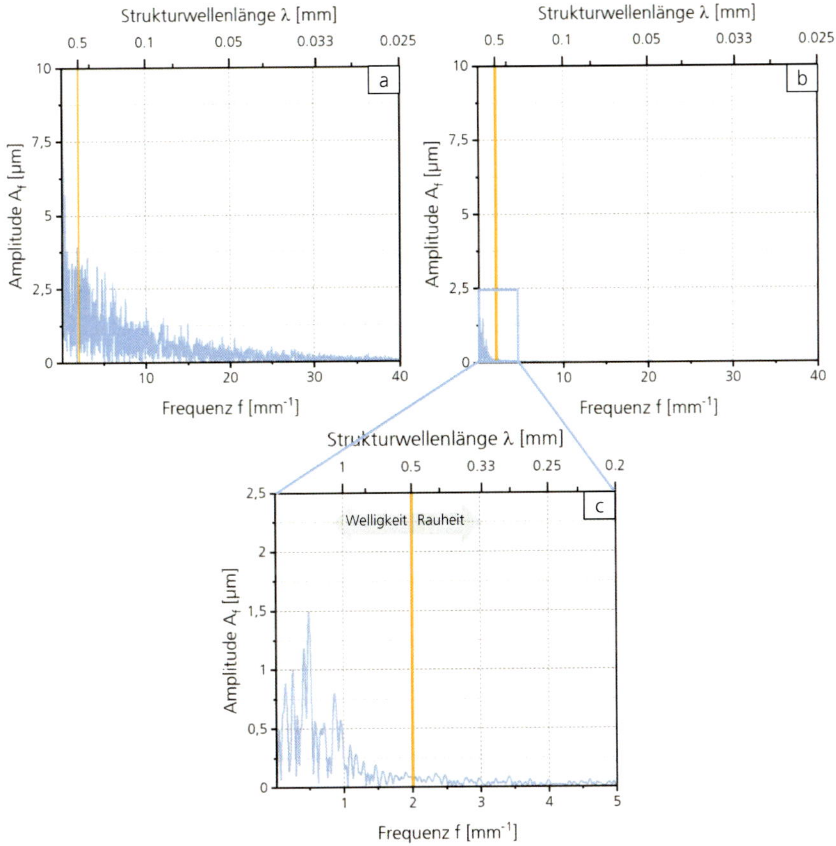

Bild 24: a: Frequenzspektrum eines Profilquerschnitts einer PBF Oberfläche. b: Frequenzspektrum eines Profilquerschnitts einer laserpolierten PBF Oberfläche mit P_L = 125 W; d_L = 250 µm; v_{scan} = 50 mm/s; dy = 50 µm; n = 4. c: Vergrößerter Ausschnitt von b.

Im Folgenden wird untersucht, ob Amplituden, welche nach dem Laserpolieren im Bereich der Welligkeit bei verschiedenen Frequenzen vorhanden sind, mit Frequenzen von spezifischen Oberflächencharakteristika der initialen PBF Oberfläche in Zusammenhang gebracht werden können. Nach der Anwendung des in Kapitel 4.4.2 beschriebenen FFT-Filters zur Separierung der Rauheit und Welligkeit ergeben sich die in Bild 25 dargestellten Oberflächentopografien. Die große

Rauheit der PBF Oberfläche resultiert aus einer großen Anzahl von stochastisch verteilten Strukturpeaks. Diese werden durch das Laserpolieren geglättet, wodurch die Rauheit reduziert wird. Die Welligkeit nach dem Laserpolieren resultiert aus sichtbar langwelligeren Strukturelementen als vor dem Laserpolieren. Einzelne Strukturelemente wie in den Bild 25b und d markierten Bereichen 1 und 2 sind nach dem Laserpolieren weiterhin identifizierbar und können durch das Laserpolieren nicht beseitigt werden.

Bild 25: Oberflächentopografie einer PBF Oberfläche vor und nach dem Laserpolieren mit $P_L = 125$ W; $d_L = 250$ µm; $v_{scan} = 50$ mm/s; dy = 50 µm; n = 4.
a: PBF Oberfläche mit FFT-Rauheitsfilter
b: PBF Oberfläche mit FFT-Welligkeitsfilter
c: laserpolierte Oberfläche mit FFT-Rauheitsfilter
d: laserpolierte Oberfläche mit FFT-Welligkeitsfilter.

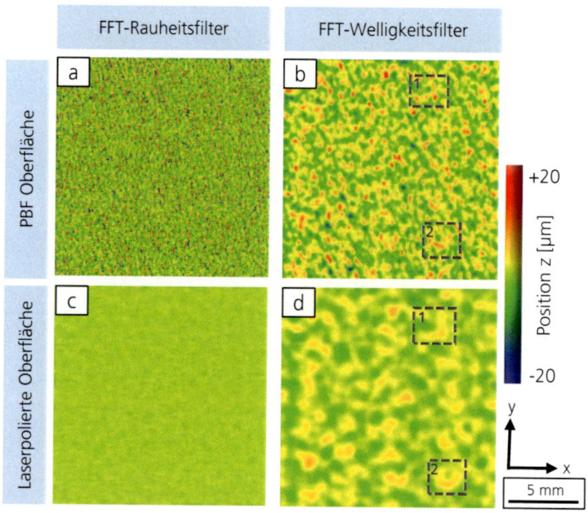

In Bild 26a ist eine Rasterelektronenmikroskop-Aufnahme einer PBF Oberfläche vor (oben) und nach (unten) dem Laserpolieren dargestellt. Auf der nicht laserpolierten PBF Oberfläche sind angesinterte Pulverpartikel zu erkennen, welche in Bild 26b mit größer Vergrößerung dargestellt sind. Die einzelnen angesinterten Pulverpartikel weisen einen Abstand im Bereich von wenigen 10 µm auf und sind damit vermutlich die Ursache der stochastisch verteilten Strukturpeaks und der großen Rauheit der Oberfläche.

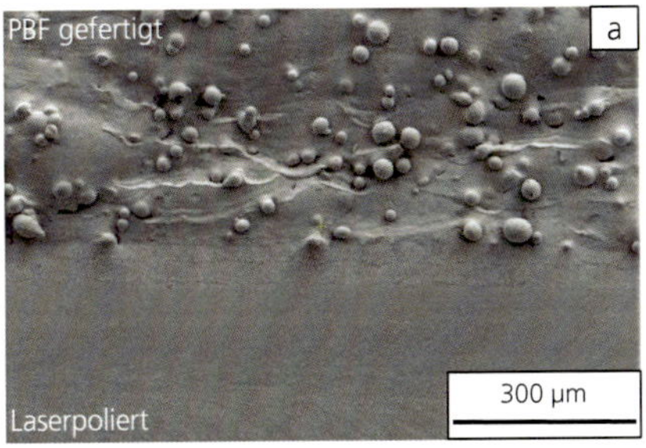

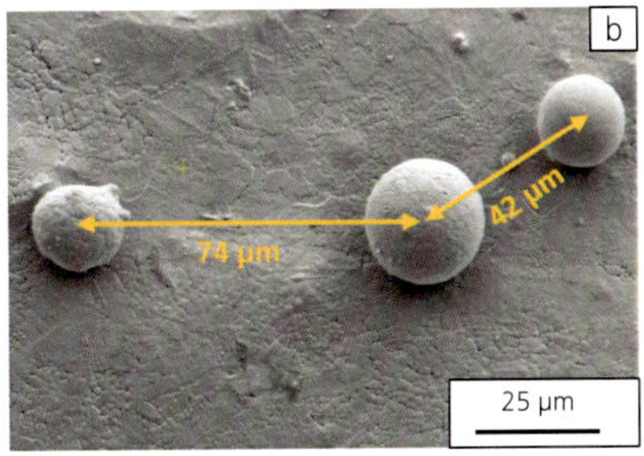

Bild 26 Rasterelektronenmikroskopie-Aufnahmen einer a: PBF Oberfläche vor und nach dem Laserpolieren. b: PBF Oberfläche vor dem Laserpolieren.

Die einzelnen angesinterten Pulverpartikel weisen deutlich kleinere Durchmesser als 500 µm auf und können somit geglättet werden. Da die angesinterten Pulverpartikel jedoch stochastisch verteilt sind, ist das Materialvolumen insgesamt ungleichmäßig auf der Oberfläche verteilt. Wenn an einer Stelle auf der Oberfläche lokal eine größere Anzahl von Pulverpartikeln angesintert ist, ist dort lokal mehr Materialvolumen vorhanden. Dieser Überschuss an Materialvolumen kann durch das Laserpolieren mit dem verwendeten Laserstrahldurchmesser von d_L = 250 µm nur über eine Strecke von 500 µm ausgeglichen werden. Auf größeren Strecken können die Materialvolumenunterschiede nicht vollständig geglättet werden, wodurch Welligkeit auf der Oberfläche bestehen bleibt. Ein naheliegender Ansatz zur Reduzierung der Welligkeit ist die Vergrößerung des Laserstrahldurchmessers. Um eine qualitativ ähnliche Laserpolitur zu erzielen, erfordert die Vergrößerung des Laserstrahldurchmessers eine proportionale Steigerung der Laserleistung, was bei den oft dünnwandigen und filigranen PBF gefertigten Bauteilen zu Wärmestau und Verzug führen kann. Daher ist eine Vergrößerung des Laserstrahldurchmessers zur Reduzierung der Welligkeit nicht uneingeschränkt geeignet. Eine Möglichkeit besteht darin flächige Geometrieelemente mit größeren Wandstärken mit größerem Laserstrahldurchmesser und filigrane Geometrieelemente mit kleinerem Laserstrahldurchmesser zu bearbeiten. Jedoch ist es beim Laserpolieren zwingend erforderlich, dass Flächen kontinuierlich bearbeitet werden, da ansonsten sichtbare Grenzübergänge zwischen den Teilflächen entstehen [Ost11]. Somit müsste der Laserstrahldurchmesser während des Prozesses dynamisch eingestellt werden, was anlagentechnisch aufwendig ist.

6 Ansätze für das laserbasierte Umschmelzstrukturieren von nicht-periodischen Strukturen

Die Welligkeit von PBF Oberflächen kann durch das Laserpolieren nicht effektiv unter Wa = 1 µm reduziert werden. Zur Reduzierung der Welligkeit soll daher, wie schematisch in Bild 27 dargestellt, mittels laserbasiertem Umschmelzstrukturieren die inverse Struktur der vorhandenen Welligkeit strukturiert und die Welligkeit durch "destruktive Überlagerung" destrukturiert werden. Mit dem Umschmelzstrukturieren können nach Temmler [Tem12] mit vier Belichtungen Strukturen mit Strukturwellenlängen, die dem zweieinhalb- bis sechzehnfachen Laserstrahldurchmesser ($2{,}5 \cdot d_L \leq \lambda \leq 16 \cdot d_L$) entsprechen, strukturiert werden. Bei einem Laserstrahldurchmesser von $d_L = 250$ µm entspricht dies Strukturwellenlängen von bis zu $\lambda = 4$ mm. Damit kann theoretisch ein Großteil der in Bild 24b ermittelten Strukturwellenlängenanteile der Welligkeit strukturiert und destrukturiert werden.

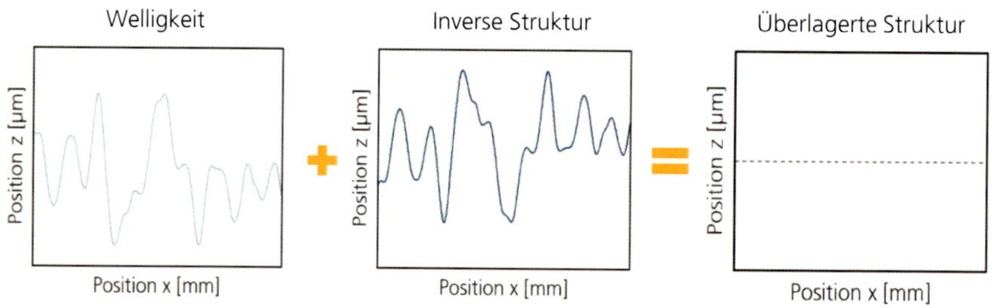

Bild 27: Schematische Darstellung des Destrukturierens.

Da die Welligkeit der laserpolierten PBF Oberfläche eine nicht-periodische Struktur darstellt, muss auch die zu erzeugende, inverse Struktur nicht-periodisch sein. Daher soll in diesem Kapitel die Eignung verschiedener Ansätze zur Berechnung der Laserleistungsmodulation für die Erzeugung von nicht-periodischen Strukturen untersucht werden. Als zu erzeugende 2-dimensionale Soll-Struktur dient im Folgenden die in Bild 28 oben dargestellte Oberflächentopografie einer laserpolierten PBF Oberfläche. Zunächst soll der, in Bild 28 unten dargestellte, aus dieser Oberflächentopografie extrahierte Profilquerschnitt als 1-dimensionale Struktur erzeugt werden.

Bild 28:
oben: Oberflächentopografie der 2-dimensionalen Soll-Struktur
unten: ein aus der Oberflächentopografie extrahierter Profilquerschnitt als 1-dimensionale Soll-Struktur.

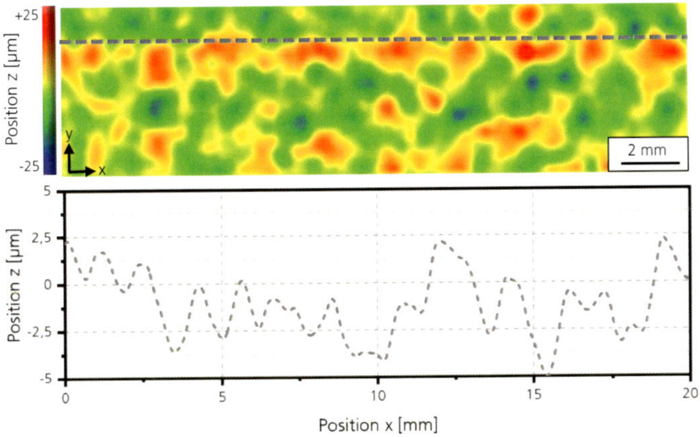

6.1 Konventionelles laserbasiertes Umschmelzstrukturieren

Für die Berechnung der Laserleistungsmodulation wird zunächst der in Kapitel 2.2.2 beschriebene, von Temmler entwickelte Ansatz untersucht, welcher im Folgenden als „konventioneller Ansatz" bezeichnet wird. Dabei wird eine normierte Soll-Struktur nach Formel 6.1 mit der Laserleistungsamplitude multipliziert und um die mittlere Laserleistung moduliert. Für die 1-dimensionale Soll-Struktur ergibt sich die in Bild 29 dargestellte Laserleistungsmodulation.

Formel 6.1

$$P_L(x) = P_M + P_A \cdot ||h_{Soll}(x)||$$

$P_L(x)$: Laserleistungsmodulation
P_M: mittlere Laserleistung
P_A: Laserleistungsamplitude
$h_{Soll}(x)$: 1-dimensionale Soll-Struktur
x: Position

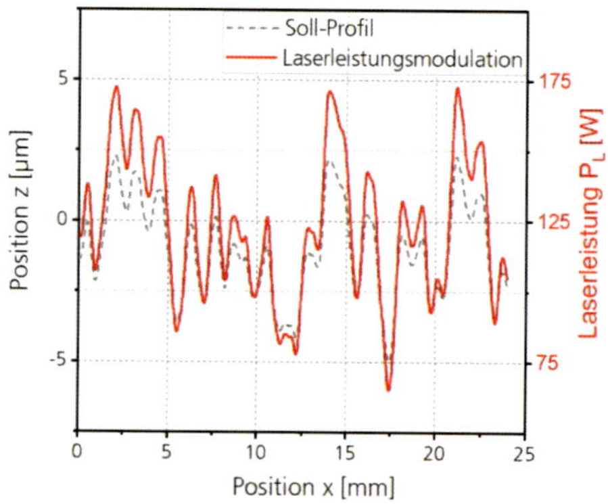

Bild 29: Profilquerschnitt der Soll-Struktur und Laserleistungsmodulation. Berechnet nach dem konventionellen Ansatz für das Umschmelzstrukturieren.

Im Folgenden werden die Formabweichung und die Phasenverschiebung[6] zwischen der Soll-Struktur und der erzeugten Struktur untersucht, um die Eignung des konventionellen Ansatzes für die Erzeugung von nicht-periodischen Strukturen einzuordnen. In Bild 30a ist die Phasenverschiebung und in Bild 30b die Formabweichung als Funktion des Laserleistungsamplitudenverhältnisses dargestellt, welches den Anteil der verwendeten Laserleistungsamplitude P_A von der maximalen verwendbaren Laserleistung $P_{A,max}$ = 54 W angibt. Das Laserleistungsamplitudenverhältnis wird in fünf Stufen $P_A/P_{A,max}$ = 0,125; 0,25; 0,5; 0,75 und 1 variiert.

Die Phasenverschiebung liegt für alle untersuchten Laserleistungsamplituden im Bereich von 0,36 mm ≤ φ ≤ 0,43 mm. Nach der FFT aus Bild 24 liegen die Strukturwellenlängen einer laserpolierten PBF Oberfläche bei λ = 0,5 – 4 mm. Die Phasenverschiebung liegt somit zwischen 32,4° – 309,6° bezogen auf die verschiedenen Strukturwellenlängen. Von Temmler [Tem12] werden für periodische Strukturen ab einer Strukturwellenlänge von $\lambda \geq 2 * d_L$ Phasenverschiebungen von 90° bestimmt. Der hier bestimmte Bereich der Phasenverschiebung ist größer, was vermutlich darin begründet ist, dass eine nicht-periodische Struktur untersucht wird, welche eine Überlagerung einer Vielzahl von Strukturwellenlängen aufweist.

[6] Die Phasenverschiebung ergibt sich aus der in Kapitel 4.4.3 beschriebenen Berechnung der Formabweichung. Die aufgetragene Phasenverschiebung ist der durch die computergestützte Variation ermittelte Wert, bei dem die Formabweichung minimal wird. Alle untersuchten Profilquerschnitte werden ortsgenau mit einer Abweichung < 0,005 mm aus den gemessenen Oberflächentopografien exportiert. Die durch die Signalübertragung in der Anlagentechnik erzeugte Verzögerung ist aufgrund der konstanten Scangeschwindigkeit für alle untersuchten Verfahrensparameter gleich und wird daher vernachlässigt.

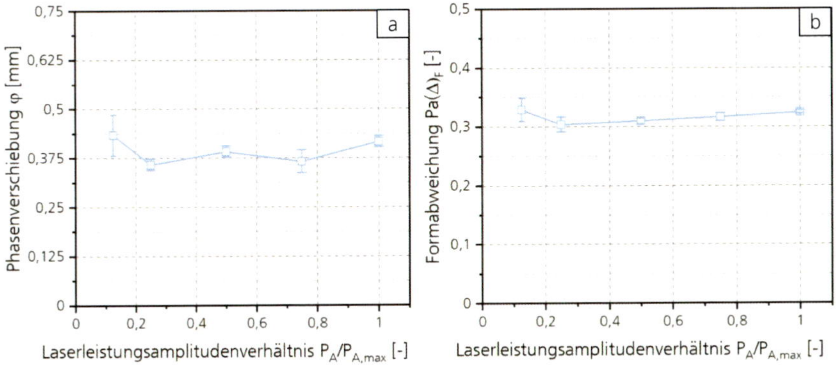

Bild 30: a: Phasenverschiebung und b: Formabweichung einer mittels konventionellem Umschmelzstrukturieren erzeugten 1-dimensionalen Struktur im Vergleich zum Soll-Profil bei Variation der Laserleistungsamplitude mit $P_M = 119$ W; $P_{A,max} = 54$ W; $d_L = 250$ µm; $v_{scan} = 50$ mm/s; dy = 62,5 µm; n = 1.

Die Formabweichung liegt bei allen untersuchten Laserleistungsamplituden im Bereich von $0{,}3 \leq Pa(\Delta)_F < 0{,}35$. Die erzeugten Strukturen weisen somit eine geringe Übereinstimmung zur Soll-Struktur auf. Die kleinste Formabweichung wird bei einem Laserleistungsamplitudenverhältnis von $P_A/P_{A,max} = 0{,}25$ mit $Pa(\Delta)_F = 0{,}30$ erreicht. Ein Profilquerschnitt aus der Mitte des Testfeldes und die Oberflächentopografie der mit diesem Laserleistungsamplitudenverhältnis erzeugten Struktur sind in Bild 31a und Bild 31b dargestellt.

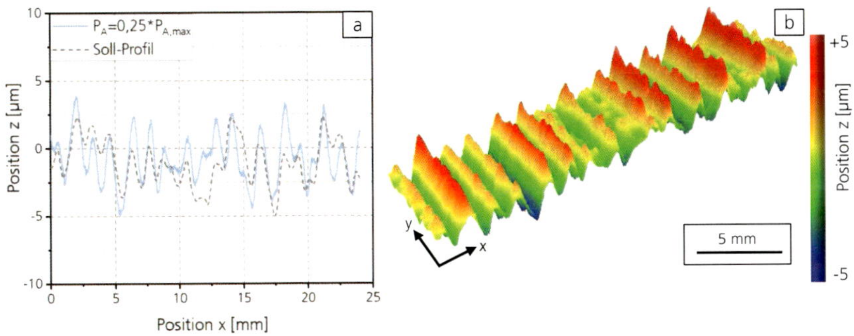

Bild 31: a: Profilquerschnitt im Vergleich zum Soll-Profil und b: Oberflächentopografie einer mittels konventionellem Umschmelzstrukturieren erzeugten 1-dimensionalen Struktur mit $P_M = 119$ W; $P_A = 0{,}25 * P_{A,max}$; $P_{A,max} = 54$ W; $d_L = 250$ µm; $v_{scan} = 50$ mm/s; dy = 62,5 µm; n = 1.

Im dargestellten Profilquerschnitt sind große Abweichungen zwischen der erzeugten Struktur und der Soll-Struktur zu erkennen. Obwohl die mittlere Profilhöhe der erzeugten Struktur und der Soll-Struktur mit Pa = 1,40 µm und Pa = 1,67 µm in der gleichen Größenordnung liegen, weisen die einzelnen Strukturelemente der erzeugten Struktur, also einzelne Strukturberge und -täler, oftmals eine betragsmäßig größere z-Position als die der Soll-Struktur auf. Solche Strukturelemente werden im Folgenden als überstrukturiert bezeichnet. Analog gilt ein Strukturelement als unterstrukturiert, wenn die betragsmäßige Position z kleiner ist als die der Soll-Struktur. In Bild 32 sind exemplarisch eine über- und eine unterstrukturierte Struktur im Vergleich zur Soll-Struktur dargestellt.

Bild 32: Profilquerschnitt einer im Vergleich zur Soll-Struktur überstrukturierten bzw. unterstrukturierten Struktur.

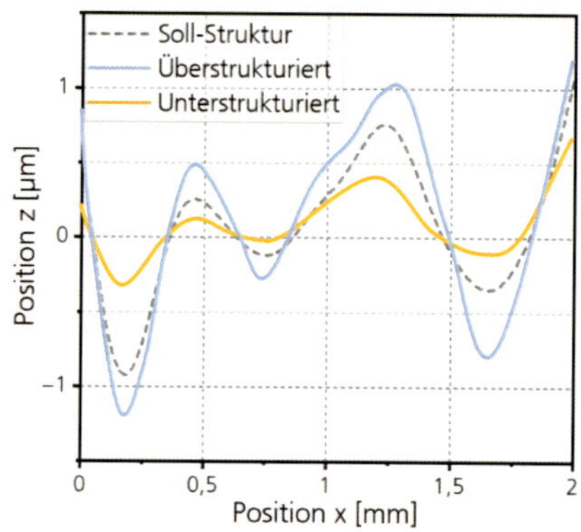

Eine mögliche Erklärung für das Auftreten der überstrukturierten Strukturen ist die von Temmler [Tem12] beschriebene Abhängigkeit der Profilhöhe von der Strukturwellenlänge. Die in diesem Kapitel strukturierte Soll-Struktur ist nicht-periodisch und besteht damit, wie dem Frequenzspektrum in Bild 24b zu entnehmen, aus einer Überlagerung von einer Vielzahl an Strukturwellenlängen. Für das Strukturieren der Soll-Struktur mit der nach Formel 6.1 berechneten Laserleistungsmodulation werden alle Strukturwellenlängen mit der gleichen Laserleistungsamplitude strukturiert. Die resultierende Profilhöhe der einzelnen Strukturelemente ist dabei vermutlich abhängig von der Strukturwellenlänge des jeweiligen Strukturelementes. Die überstrukturierten Strukturelemente deuten darauf hin, dass die von Temmler beschriebene Abhängigkeit auf das Strukturieren von nicht-periodischen Strukturen übertragbar ist.

Zur Reduzierung der Formabweichung beim Strukturieren von nicht-periodischen Strukturen mittels konventionellen Ansatzes müsste die Profilhöhe einzelner Strukturelemente daher in Abhängigkeit der Strukturwellenlänge angepasst werden. Ein Ansatz dazu stellt die von Temmler [Tem12] beschriebene Überlagerung von Sinusstrukturen dar, wobei zwischen Signalüberlagerung und Strukturüberlagerung unterschieden wird. Die Komplexität der mittels Strukturüberlagerung erzeugbaren Strukturen ist eingeschränkt, da keine kleinen Strukturwellenlängendifferenzen strukturiert werden können. Bei der Signalüberlagerung ist die maximal erreichbare Profilhöhe begrenzt. Im Folgenden wird daher der Integrationsansatz zur Erzeugung nicht-periodischer Strukturen untersucht.

6.2 Integrationsansatz

Eine Beschreibung des Zusammenhangs zwischen Laserleistungsmodulation und daraus erzeugter Struktur basiert auf den von Temmler und Pirch [Tem20b, Tem20c] durchgeführten, modelltheoretischen Untersuchungen zur Strukturausbildung beim laserbasierten Umschmelzstrukturieren. Aus den auf einem FEM-Modell basierenden Berechnungen kann gefolgert werden, dass die Änderung der Schmelzbadgeometrie direkt mit der Änderung des Schmelzbadvolumens und damit mit der Änderung der Laserleistung zusammenhängt. Mathematisch beschrieben entspricht die Änderung der Schmelzbadgeometrie nach Temmler und Pirch [Tem20b, Tem20c] somit der Ableitung der Laserleistungsmodulation. Die Änderung der Schmelzbadgeometrie ist jedoch nur mit erheblichem Aufwand messbar. Anstatt dieser wird als Näherung daher im Folgenden der Profilquerschnitt der erzeugten Struktur betrachtet.

Für die Überprüfung des Zusammenhangs zwischen der Ableitung der Laserleistungsmodulation und dem Profilquerschnitt werden die mit dem konventionellen Ansatz erzeugten Profilquerschnitte aus Kapitel 6.1 mit der Ableitung des Soll-Profils[7] verglichen. In Bild 33a ist die Phasenverschiebung und in Bild 33b die Formabweichung zwischen den Profilquerschnitten und dem Soll-Profil sowie den Profilquerschnitten und der Ableitung des Soll-Profils in Abhängigkeit des Laserleistungsamplitudenverhältnisses dargestellt.

[7] Bei dem konventionellen Ansatz entspricht das normierte Soll-Profil der normierten Laserleistungsmodulation. Die normierte Ableitung des Soll-Profils entspricht damit der normierten Ableitung der Laserleistungsmodulation.

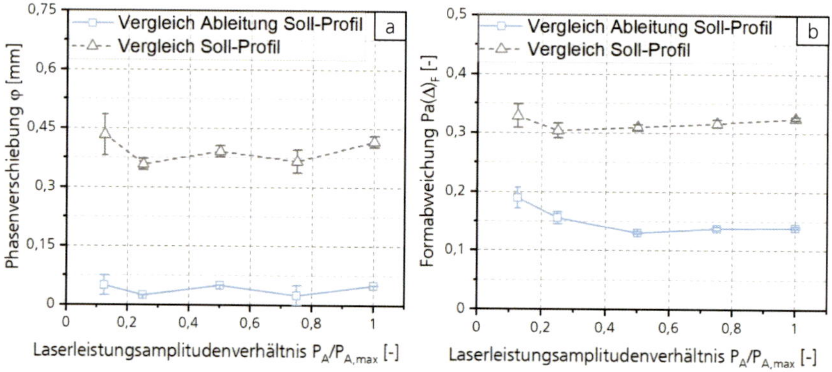

Bild 33 a: Phasenverscheibung und b: Formabweichung einer mittels konventionellem Umschmelzstrukturieren erzeugten 1-dimensionalen Struktur im Vergleich zum Soll-Profil und zur Ableitung des Soll-Profils mit P_M = 119 W; $P_{A,max}$ = 54 W; d_L = 250 µm; v_{scan} = 50 mm/s; dy = 62,5 µm; n = 1.

Die Phasenverschiebung zwischen Profilquerschnitt und der Ableitung des Soll-Profils liegt für alle untersuchten Laserleistungsamplituden im Bereich von 0,025 mm $\leq \varphi \leq$ 0,05 mm, was bezogen auf die Strukturwellenlängen von λ = 0,5 – 4 mm 2,25° - 36° entspricht. Diese ist damit um bis zu 94 % kleiner als für den Vergleich von Profilquerschnitt und Soll-Profil und 60 % - 98 % kleiner als die von Temmler [Tem12] für periodische Strukturen bestimmte Phasenverschiebung.

Die Formabweichung zwischen Profilquerschnitt und Ableitung des Soll-Profils liegt für alle verwendeten Laserleistungsamplituden im Bereich von $0,1 \leq Pa(\Delta)_F < 0,2$ und ist damit deutlich kleiner als die zum Soll-Profil bestimmte Formabweichung. Die kleinste Formabweichung wird bei einem Laserleistungsamplitudenverhältnis von $P_A/P_{A,max}$ = 0,5 mit $Pa(\Delta)_F$ = 0,13 erreicht. Der Profilquerschnitt einer mit einem Laserleistungsamplitudenverhältnis von $P_A/P_{A,max}$ = 0,75 erzeugten Struktur und die Ableitung des Soll-Profils sind in Bild 34b dargestellt. Die Oberflächentopografie der Struktur ist in Bild 34b dargestellt.

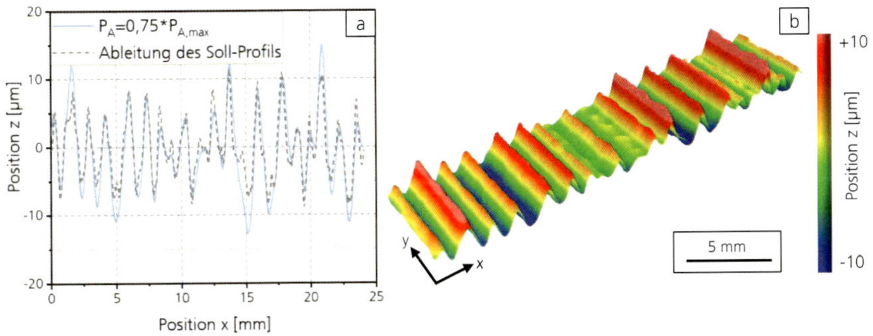

Bild 34: a: Profilquerschnitt im Vergleich zur Ableitung des Soll-Profils und b: Oberflächentopografie einer mittels konventionellem Umschmelzstrukturieren erzeugten 1-dimensionalen Struktur mit P_M = 119 W; P_A = 0,75*$P_{A,max}$; $P_{A,max}$ = 54 W; d_L = 250 µm; v_{scan} = 50 mm/s; dy = 62,5 µm; n = 1.

Die Profilquerschnitte der mit dem konventionellen Ansatz erzeugten Strukturen weisen eine große Übereinstimmung mit der Ableitung des Soll-Profils auf. Die Formabweichung zwischen Profilquerschnitt und Ableitung des Soll-Profils ist um 56 % kleiner als die Formabweichung zwischen Profilquerschnitt und Soll-Profil. Die Reduzierung der Phasenverschiebung und der Formabweichung bestätigen den von Temmler und Pirch [Tem20b, Tem20c] beschriebenen Zusammenhang, dass die Änderung der Schmelzbadgeometrie der Ableitung der Laserleistungsmodulation entspricht. Zur Berechnung der Laserleistungsmodulation für die Erzeugung einer gewünschten Soll-Struktur wird der Integrationsansatz definiert. Die Laserleistungsmodulation wird dabei nach Formel 6.2 aus der Integration der Soll-Struktur berechnet.

Formel 6.2

$$P_L(x) = P_M + P_A \cdot || \int_0^x h_{soll}(x) dx ||$$

$P_L(x)$: Laserleistungsmodulation
P_M: mittlere Laserleistung
P_A: Laserleistungsamplitude,
$h_{Soll}(x)$: 1-dimensionale Soll-Struktur
dx: Inkrement
x: Position

Die Soll-Struktur wird numerisch integriert, normiert und anschließend mit der Laserleistungsamplitude multipliziert und zur mittleren Laserleistung addiert.

7 Umschmelzstrukturieren mittels Integrationsansatz

Beim Destrukturieren und dem Strukturieren mittels Umschmelzstrukturieren handelt es sich prinzipiell um das gleiche Verfahren. Der wesentliche Unterschied ist, dass das Strukturieren auf ebenen Oberflächen erfolgt und das Destrukturieren auf Oberflächen, auf denen bereits eine Struktur vorhanden ist. Damit die Welligkeit nach dem Laserpolieren von PBF Oberflächen reproduzierbar destrukturiert werden kann, wird zunächst untersucht, wie reproduzierbar nicht-periodische Strukturen strukturiert werden können. Im folgenden Kapitel wird dazu der Integrationsansatz für 1-dimensionale und 2-dimensionale, periodische und nicht-periodische Strukturen untersucht. Ziel ist, die in Bild 28 oben dargestellte Soll-Struktur und das in Bild 28 unten dargestellte Soll-Profil mit möglichst kleiner Struktur- bzw. Formabweichung zu strukturieren.

7.1 Strukturieren von 1-dimensionalen Strukturen

Im Rahmen von grundlegenden, experimentellen Untersuchungen an periodischen Strukturen soll zunächst der Verfahrensparameterbereich bestimmt werden, in welchem der Integrationsansatz verwendet werden kann. Durch die Bestimmung der Formabweichung und der Phasenverschiebung wird beurteilt, inwiefern die erzeugten Strukturen mit der Laserleistungsmodulation (konventioneller Ansatz) und mit der Ableitung der Laserleistungsmodulation (Integrationsansatz) übereinstimmen. Zudem werden zwei Ansätze untersucht, um die Formabweichung der erzeugten Strukturen zu reduzieren. Anschließend wird der Integrationsansatz für das Strukturieren von nicht-periodischen, 1-dimensionalen Strukturen erprobt.

7.1.1 Strukturieren von periodischen, 1-dimensionalen Strukturen

Ziel ist die Bestimmung der Verfahrensparameterbereiche, in welchen die Strukturausbildung nach dem konventionellen Ansatz und in welchen diese nach dem Integrationsansatz erfolgt. Aus der Arbeit von Temmler [Tem12] ist bekannt, dass mit dem konventionellen Ansatz sinusförmige Strukturen mit Strukturwellenlängen von $\lambda = 0{,}25\ \text{mm} - 2\ \text{mm}$ bei einem Laserstrahldurchmesser von $d_L = 250\ \mu\text{m}$ und einer Belichtung strukturiert werden können. Ausgehend von Temmlers Versuchen werden weitere periodische Strukturen erzeugt. Dazu werden die, in Bild 35 dargestellten, periodischen Laserleistungsmodulationen erzeugt und zum Strukturieren verwendet. Die sinusförmige Laserleistungsmodulation in Bild 35a ist eine mathematisch stetige und differenzierbare Funktion, während die dreieckförmige Laserleistungsmodulation in Bild 35b stetig aber nicht stetig differenzierbar und die rechteckförmige Laserleistungsmodulation in Bild 35c weder stetig noch stetig differenzierbar ist[8].

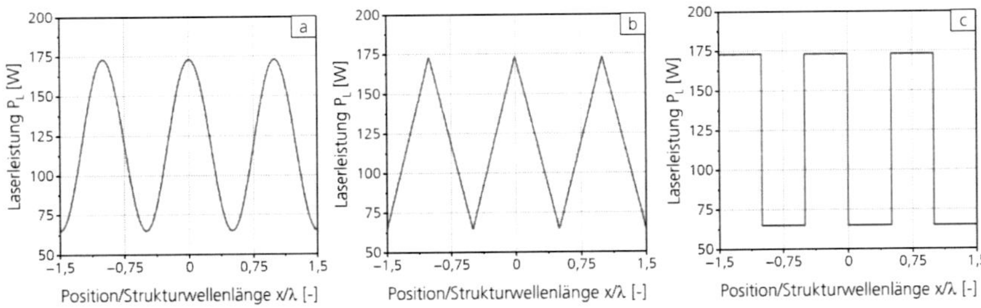

Bild 35: Laserleistungsmodulationen für das Strukturieren von 1-dimensionalen, periodischen Strukturen.

Für die mit den verschiedenen Laserleistungsmodulationen erzeugten Strukturen soll bestimmt werden, für welchen Laserleistungsamplitudenbereich und welchen Strukturwellenlängenbereich diese in Form und Phase der Laserleistungsmodulation, der Ableitung der Laserleistungsmodulation oder keiner dieser entsprechen. Die nach dem Integrationsansatz erwarteten Strukturen sind in Bild 36 dargestellt. Diese weisen dabei für alle drei Strukturen eine andere Phase auf und für die dreieck- und rechteckförmige Laserleistungsmodulation auch eine andere Form.

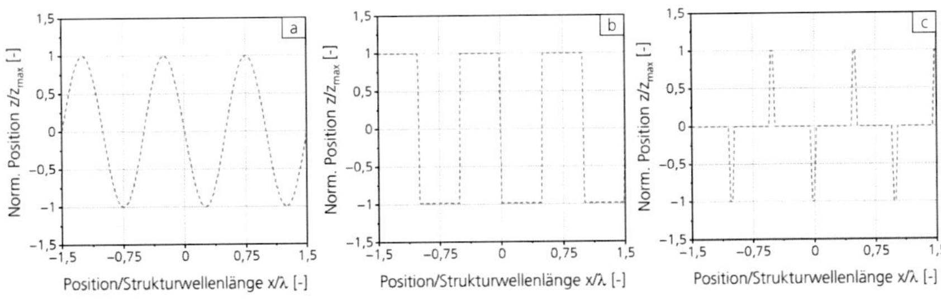

Bild 36: Nach dem Integrationsansatz erwartete Strukturen für die Laserleistungsmodulationen aus Bild 35. Berechnet als Ableitung der Laserleistungsmodulationen.

Im Folgenden wird daher die Phasenverschiebung und die Formabweichung zwischen den Profilquerschnitten der erzeugten Strukturen und der Laserleistungsmodulation bzw. der Ableitung der Laserleistungsmodulation bestimmt. Um die

[8] Ein Teil der in diesem Kapitel vorgestellten experimentellen Untersuchungen wurde im Rahmen der von der Verfasserin betreuten Masterarbeit von *Schober* durchgeführt.

Formabweichung der verschiedenen Strukturen zu vergleichen, wird eine auf die Soll-Struktur (die Laserleistungsmodulation bzw. die Ableitung der Laserleistungsmodulation) normierte Formabweichung berechnet. Ohne die Normierung der Formabweichung wird eine rechteckförmige Struktur stets eine größere Formabweichung aufweisen als eine sinusförmige Struktur. Grund dafür ist, dass das Betragsintegral, welches zur Berechnung der Formabweichung verwendet wird, für eine rechteckförmigen Struktur größer ist als für eine sinusförmige oder dreieckförmige Struktur.

Sinusförmige Laserleistungsmodulation

Für die sinusförmige Laserleistungsmodulation wird nach dem Integrationsansatz eine cosinusförmige Struktur erwartet. Über die Analyse der normierten Formabweichung, welche unabhängig von der Phase der Struktur ist, kann somit nicht unterschieden werden, ob die erzeugte Struktur der Laserleistungsmodulation oder der Ableitung der Laserleistungsmodulation ähnelt. Nichtsdestotrotz kann bestimmt werden, inwiefern die erzeugte Struktur Formabweichungen wie Asymmetrien, Sattelpunkte oder Strukturverrundungen aufweist.

In Bild 37a ist die normierte Formabweichung zwischen einer sinus- bzw. cosinusförmigen Soll-Struktur und den Profilquerschnitten der mittels sinusförmiger Laserleistungsmodulation erzeugten Strukturen in Abhängigkeit des Laserleistungsamplitudenverhältnisses und der Strukturwellenlänge dargestellt. Das Laserleistungsamplitudenverhältnis wird in fünf Stufen $P_A/P_{A,max}$ = 0,125; 0,25; 0,5; 0,75 und 1 variiert. Die Strukturwellenlänge wird ebenfalls in fünf Stufen λ = 0,25 mm; 0,5 mm; 1 mm; 2 mm; und 4 mm variiert.

Die normierte Formabweichung ist abhängig von der Strukturwellenlänge und dem Laserleistungsamplitudenverhältnis. Die kleinsten Formabweichungen werden bei einer Strukturwellenlänge von λ = 1 mm mit $Pa_{norm}(\Delta)_F$ = 0,04 – 0,06 erreicht. Zudem können Verfahrensparameterbereiche identifiziert werden, in denen die Formabweichung steigt. Für die Strukturwellenlängen λ < 0,5 mm liegt die Formabweichung bei $Pa_{norm}(\Delta)_F$ = 0,42 – 0,49 und für Laserleistungsamplitudenverhältnisse von $P_A/P_{A,max}$ < 0,25 bei $Pa_{norm}(\Delta)_F$ = 0,16 – 0,27. Die Strukturen weisen bei Unterschreitung dieser Verfahrensparametergrenzen keine oder nur eine geringe Übereinstimmung mit einer sinusförmigen Struktur auf. Für Strukturwellenlängen von λ = 2 mm werden oberhalb der beiden Verfahrensparametergrenzen Formabweichungen von $Pa_{norm}(\Delta)_F$ = 0,09 – 0,16 und für λ = 4 mm Formabweichung von $Pa_{norm}(\Delta)_F$ = 0,14 – 0,24 bestimmt. Für Strukturwellenlängen von $\lambda \geq$ 2 mm und $P_A/P_{A,max} \geq$ 0,25 steigt die Formabweichung mit steigendem Laserleistungsamplitudenverhältnis und steigender Strukturwellenlänge. Grund dafür ist die größer werdende Asymmetrie der Strukturen. In Bild 37b sind die Profilquerschnitte der, mit den Strukturwellenlängen λ = 1 mm, 2 mm und 4 mm und dem Laserleistungsamplitudenverhältnis von $P_A/P_{A,max}$ = 0,5, erzeugten Strukturen dargestellt. Während die Struktur bei einer Strukturwellenlänge von λ = 1 mm symmetrisch ist, ist diese bei λ = 2 mm leicht und bei λ = 4 mm stark asymmetrisch.

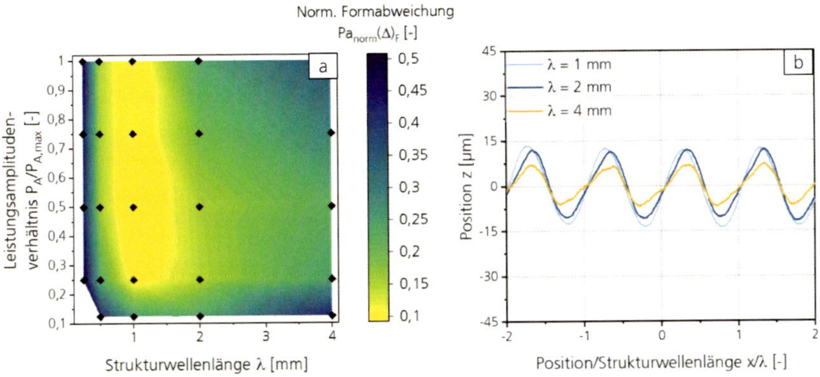

Bild 37a: Normierte Formabweichung zu einer sinus- bzw. cosinusförmigen Soll-Struktur und b: Profilquerschnitte mit Laserleistungsamplitudenverhältnis von $P_A/P_{A,max}$ = 0,5 von mittels sinusförmiger Laserleistungsmodulation erzeugten 1-dimensionalen Strukturen mit P_M = 119 W; $P_{A,max}$ = 54 W; d_L = 250 µm; v_{scan} = 50 mm/s; dy = 62,5 µm; n = 1.

Über die Bestimmung der Phasenverschiebung kann bestimmt werden, ob die erzeugte Struktur eher einer sinusförmigen oder einer cosinusförmigen Struktur und damit eher der Laserleistungsmodulation oder der Ableitung dieser entspricht. In Bild 38 ist die Phasenverschiebung zwischen der Laserleistungsmodulation und der Ableitung der Laserleistungsmodulation und den Profilquerschnitten der erzeugten Strukturen in Abhängigkeit des Laserleistungsamplitudenverhältnisses (Bild 38a) bei λ = 2 mm und der Strukturwellenlänge (Bild 38b) bei $P_A/P_{A,max}$ = 0,75 dargestellt.

Aus Bild 38a geht hervor, dass die Phasenverschiebung abhängig vom Laserleistungsamplitudenverhältnis ist. Bis zu einem Laserleistungsamplitudenverhältnis von $P_A/P_{A,max}$ = 0,5 beträgt diese beim Vergleich mit der Laserleistung φ = 94,8° – 97,6° und ist damit um ca. 8% größer als die von Temmler [Tem12] für periodische Strukturen bestimmte Phasenverschiebung. Beim Vergleich mit der Ableitung der Laserleistung ist die Phasenverschiebung mit φ = 4,5° bis zu einem Laserleistungsamplitudenverhältnis von $P_A/P_{A,max}$ = 0,5 um bis zu 85% kleiner. Ab $P_A/P_{A,max}$ = 0,75 steigt die Phasenverschiebung mit zunehmendem Laserleistungsamplitudenverhältnis bis auf φ = 117° beim Vergleich zur Laserleistung und φ = 36° beim Vergleich zur Ableitung der Laserleistung. Grund dafür ist die Asymmetrie der erzeugten Strukturen.

Zudem ist die Phasenverschiebung abhängig von der Strukturwellenlänge. Wie in Bild 38b zu erkennen, sinkt die Phasenverschiebung beim Vergleich zur Laserleistungsmodulation und beim Vergleich mit der Ableitung der Laserleistungsmodulation mit der Strukturwellenlänge. Beim Vergleich mit der Laserleistungsmodulation werden für alle untersuchten Verfahrensparameterkombinationen

Phasenverschiebungen bestimmt, die größer sind als $\varphi = 90°$. Diese sind damit größer als die von Temmler [Tem12] beschriebene Phasenverschiebung, was vermutlich auf die unterschiedliche Auswertemethodik zurückzuführen ist. Die Phasenverschiebung, die beim Vergleich zur Ableitung der Laserleistungsmodulation bestimmt wird, ist um bis zu 99 % kleiner.

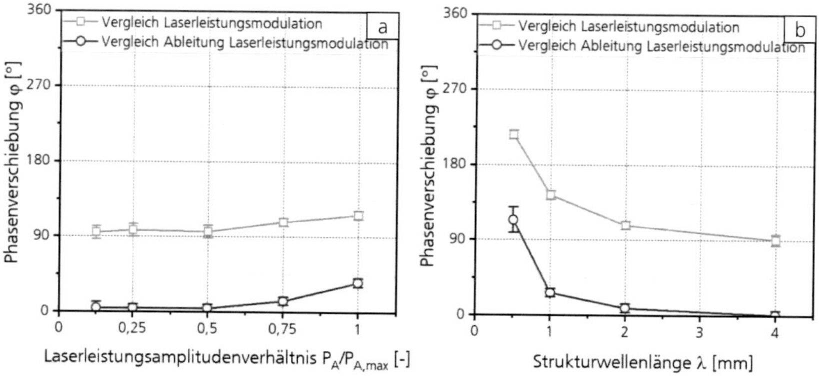

Bild 38: Phasenverschiebung des Profilquerschnitts der erzeugten Struktur im Vergleich zur sinusförmigen Laserleistungsmodulation und zur Ableitung der Laserleistungsmodulation
a: Abhängigkeit von des Laserleistungsamplitudenverhältnisses mit $\lambda = 2$ mm
b: Abhängigkeit von der Strukturwellenlänge mit $P_A/P_{A,max} = 0{,}75$ mit $P_M = 119$ W; $P_{A,max} = 54$ W; $d_L = 250$ µm; $v_{scan} = 50$ mm/s; $dy = 62{,}5$ µm; $n = 1$.

Die Phasenverschiebung ist, wie bereits in Kapitel 6 beschrieben, davon abhängig, ob diese zur Laserleistungsmodulation oder zur Ableitung der Laserleistungsmodulation bestimmt wird. Beim Vergleich zur Ableitung der Laserleistung ist diese um bis zu 99% kleiner. Das bedeutet, dass die erzeugte Struktur eher mit einer cosinusförmigen Struktur als einer sinusförmigen Struktur und damit der Ableitung der Laserleistungsmodulation übereinstimmt.

Dreieckförmige Laserleistungsmodulation

Für die dreieckförmige Laserleistungsmodulation unterscheiden sich die Form von Laserleistungsmodulation und Ableitung der Laserleistungsmodulation (vgl. Bild 35b und Bild 36b). Für die mit diesen Laserleistungsmodulationen erzeugten Strukturen kann somit bestimmt werden, für welche Verfahrensparameterbereiche mit dem Integrationsansatz kleinere Formabweichungen erzielt werden als mit dem konventionellen Ansatz.

In Bild 39a sind die normierten Formabweichungen zwischen einer dreieckförmigen Soll-Struktur und den Profilquerschnitten der mittels dreieckförmiger Laserleistungsmodulation erzeugten Strukturen als Funktion des Laserleistungsamplitudenverhältnisses und der Strukturwellenlänge dargestellt. In Bild 39b ist das Gleiche für den Vergleich mit einer rechteckförmigen Soll-Struktur, also der Ableitung der dreieckförmigen Struktur, dargestellt. Das Laserleistungsamplitudenverhältnis und die Strukturwellenlänge werden, wie für das Strukturieren mit der sinusförmigen Laserleistungsmodulation, jeweils in fünf Stufen variiert.

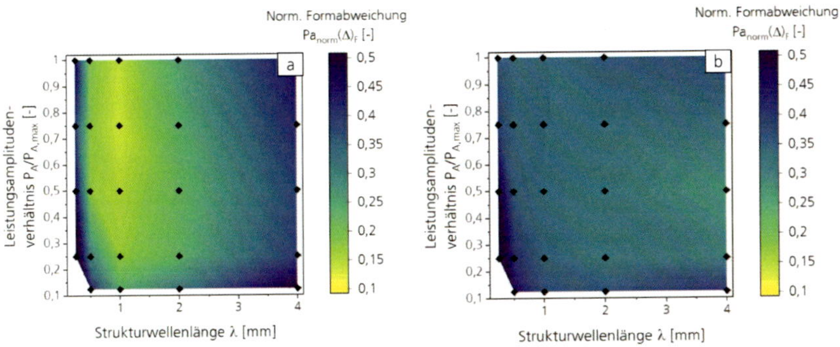

Bild 39: Normierte Formabweichung von mittels dreieckförmiger Laserleistungsmodulation erzeugten 1-dimensionalen Strukturen zu einer a: dreieckförmigen Soll-Struktur und b: rechteckförmigen Soll-Struktur mit P_M = 119 W; $P_{A,max}$ = 54 W; d_L = 250 µm; v_{scan} = 50 mm/s; dy = 62,5 µm; n = 1.

Für Laserleistungsamplituden $P_A/P_{A,max} \geq 0{,}25$ und Strukturwellenlängen von λ = 1 mm und 2 mm ist die Formabweichung beim Vergleich zu einer dreieckförmigen Soll-Struktur mit $Pa_{norm}(\Delta)_F$ = 0,13 – 0,25 kleiner als beim Vergleich zu einer rechteckförmigen Soll-Struktur mit $Pa_{norm}(\Delta)_F$ = 0,31 – 0,35. Die erzeugten Strukturen stimmen in der Form in diesem Verfahrensparameterbereich eher mit der Laserleistungsmodulation überein. Dennoch ist die Formabweichung beim Vergleich zur dreieckförmigen Soll-Struktur in diesem Verfahrensparameterbereich um mindestens 40% größer als bei der sinusförmigen Laserleistungsmodulation. Der Grund dafür ist die erwartete Strukturverrundung, die in dem in Bild 40 dargestellten Profilquerschnitt der Struktur mit λ = 1 mm erkennbar ist. Da das Umschmelzstrukturieren auf der Verformung und anschließenden Erstarrung der Schmelze basiert, führt die Oberflächenspannung der Schmelze stets zu einer Verrundung der erzeugten Strukturen. Infolgedessen ist grundsätzlich nicht zu erwarten, dass nicht stetig differenzierbare Strukturelemente auf der Oberfläche ohne Formabweichung erzeugt werden können.

Für Strukturwellenlängen von $\lambda > 2$ mm und Laserleistungsamplituden von $P_A/P_{A,max} \geq 0{,}25$ ist die Formabweichung beim Vergleich zu einer rechteckförmigen Soll-Struktur mit $Pa_{norm}(\Delta)_F$ = 0,28 – 0,37 kleiner als beim Vergleich zu einer dreieckförmigen Soll-Struktur mit $Pa_{norm}(\Delta)_F$ = 0,38 – 0,46. Der Profilquerschnitt der erzeugten Struktur mit einer Strukturwellenlänge von λ = 4 mm ist in Bild 40 dargestellt. An den Extremstellen weist die Struktur ein Plateau und damit eine größere Übereinstimmung mit einer rechteckförmigen Struktur auf, welche nach dem Integrationsansatz zu erwarten ist.

Bild 40: Profilquerschnitte mit Laserleistungs-amplitudenverhältnis $P_A/P_{A,max}$ = 0,5 von mittels dreieckförmiger Laserleistungs-modulation erzeugten 1-dimensionalen Strukturen mit P_M = 119 W; $P_{A,max}$ = 54 W; d_L = 250 µm; v_{scan} = 50 mm/s; dy = 62,5 µm; n = 1.

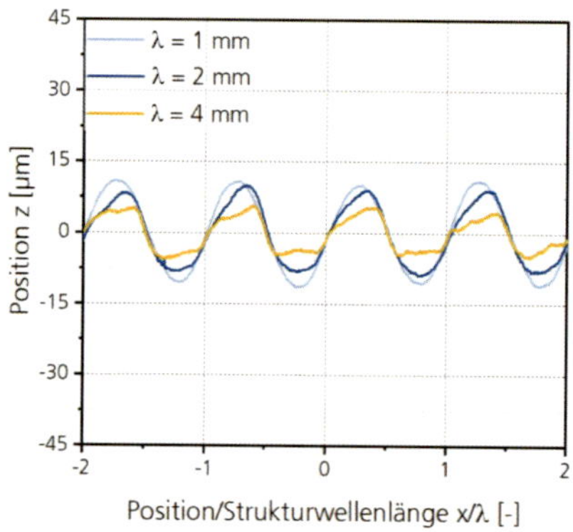

Die Auswertung der Phasenverschiebung ist in Anhang 13.2 dargestellt. Der Verlauf der Phasenverschiebung ist für die mit der dreieckförmigen Laserleistungsmodulation untersuchten Verfahrensparameterkombination dabei sehr ähnlich wie der, der mit der sinusförmigen Laserleistungsmodulation erzeugten Strukturen. Die erzeugten Strukturen stimmen in Hinblick auf die Phasenverschiebung somit auch in diesem Fall mit der Ableitung der Laserleistungsmodulation überein.

Rechteckförmige Laserleistungsmodulation

Auch für die rechteckförmige Laserleistungsmodulation unterscheiden sich die Form von Laserleistungsmodulation und Ableitung der Laserleistungsmodulation. Die Auswertung der Formabweichung zu der Ableitung der Laserleistungsmodulation ist jedoch nicht sinnvoll, da die Breite der einzelnen Peaks in Bild 36c mathematisch berechnet gegen null geht. Mit dem verwendeten Algorithmus wäre damit die Berechnung der Formabweichung äquivalent zu der Berechnung der Formabweichung einer horizontalen Referenzlinie. Daher wird ausschließlich die normierte Formabweichung zwischen einer rechteckförmigen Soll-Struktur und den Profilquerschnitten der mittels rechteckförmiger Laserleistungsmodulation erzeugten Strukturen ausgewertet. Diese ist als Funktion des Laserleistungsamplitudenverhältnisses und der Strukturwellenlänge in Bild 41 dargestellt.

Im Gegensatz zur sinusförmigen und zur dreieckförmigen Laserleistungsmodulation wird für diesen Fall im untersuchten Verfahrensparameterbereich für keine

Verfahrensparameterkombination eine Übereinstimmung zwischen Laserleistungsmodulation und Soll-Struktur festgestellt. Die normierte Formabweichung beträgt für alle Verfahrensparameterkombinationen $Pa_{norm}(\Delta)_F > 0{,}3$. Für Strukturwellenlängen $\lambda < 0{,}5$ mm und $\lambda > 1$ mm ist die Formabweichung mit $Pa_{norm}(\Delta)_F > 0{,}45$ größer.

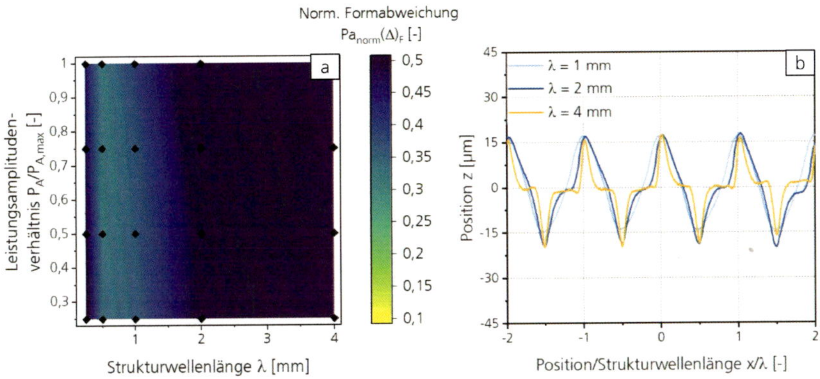

Bild 41a: Normierte Formabweichung zu einer rechteckförmigen Soll-Struktur und b: Profilquerschnitte mit Laserleistungsamplitudenverhältnis von $P_A/P_{A,max} = 0{,}5$ von mittels sinusförmiger Laserleistungsmodulation erzeugten 1-dimensionalen Strukturen mit $P_M = 119$ W; $P_{A,max} = 54$ W; $d_L = 250$ µm; $v_{scan} = 50$ mm/s; dy = 62,5 µm; n = 1.

Der Grund für die großen Formabweichungen ist aus den in Bild 41b dargestellten Profilquerschnitten mit den Strukturwellenlängen $\lambda = 1$ mm; 2 mm und 4 mm und dem Laserleistungsamplitudenverhältnis von $P_A/P_{A,max} = 0{,}5$, ersichtlich. Keiner der dargestellten Profilquerschnitte entspricht einer rechteckförmigen Struktur. Die Struktur bei einer Strukturwellenlänge von $\lambda = 1$ mm ist sinusförmig und die bei $\lambda = 2$ mm ähnelt einer sinusförmigen Struktur, welche an der steigenden Flanke einen Sattelpunkt aufweist. Die Struktur bei $\lambda = 4$ mm weist eine große Übereinstimmung mit der nach dem Integrationsansatz erwarteten Struktur auf.

Die Auswertung der Phasenverschiebung ist erneut in Anhang 13.2 dargestellt. Der Verlauf der Phasenverschiebung ist für die mit der rechtförmigen Laserleistungsmodulation untersuchten Verfahrensparameterkombination dabei sehr ähnlich wie für die anderen erzeugten Strukturen. Die erzeugten Strukturen stimmen in Hinblick auf die Phasenverschiebung somit erneut mit der Ableitung der Laserleistungsmodulation übereinstimmt.

Strukturvergleich

Aus der Betrachtung der normierten Formabweichung und den Profilquerschnitten der mittels sinus-, dreieck- und rechteckförmiger Laserleistungsmodulation erzeugten Strukturen können für verschiedene Verfahrensparameterbereiche Gemeinsamkeiten bei der Strukturausbildung beobachtet werden. Für Strukturwellenlängen von $\lambda \leq 2$ mm sind die erzeugten Strukturen verrundet und weisen unabhängig von der Laserleistungsamplitude eine Übereinstimmung mit einer sinusförmigen Struktur auf. In Bild 42a sind beispielhaft für diesen Verfahrensparameterbereich die Profilquerschnitte der mit den unterschiedlichen Laserleistungsmodulationen erzeugten Strukturen für die Strukturwellenlänge $\lambda = 1$ mm und ein Laserleistungsamplitudenverhältnis von $P_A/P_{A,max} = 0{,}75$ dargestellt. In diesem Verfahrensparameterbereich erfolgt somit keine Strukturausbildung nach dem Integrationsansatz oder dem konventionellen Ansatz. Stattdessen weisen alle erzeugten Strukturen eine große Übereinstimmung auf, egal welche Laserleistungsmodulation verwendet wird. Ein naheliegender Grund für dieses Verhalten ist das Verhältnis von Schmelzbadvolumen und Strukturwellenlänge. Das Schmelzbadvolumen bei dem verwendeten Laserstrahldurchmesser von $d_L = 250$ µm ist vermutlich zu groß, um auf Skalen von $\lambda < 2$ mm zu einer formgenauen Strukturausbildung zu führen. Durch die Oberflächenspannung der Schmelze kommt es stattdessen zu einer Strukturverrundung und die erzeugten Strukturen sind sinusähnlich.

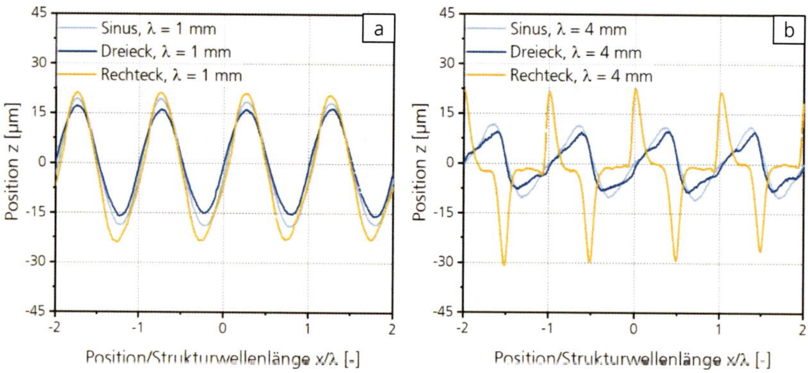

Bild 42: Profilquerschnitte mit einer Strukturwellenlänge von a: $\lambda = 1$ mm und b: $\lambda = 4$ mm und einem Laserleistungsamplitudenverhältnis von $P_A/P_{A,max} = 0{,}75$ mit $P_M = 119$ W; $P_{A,max} = 54$ W; $d_L = 250$ µm; $v_{scan} = 50$ mm/s; dy = 62,5 µm; n = 1.

Für Strukturwellenlängen von $\lambda > 2$ mm ist die normierte Formabweichung der erzeugten Strukturen beim Vergleich zur Laserleistungsmodulation größer als für kleinere Strukturwellenlängen. In Bild 42b sind beispielhaft für diesen Verfahrensparameterbereich die Profilquerschnitte und in Bild 43 Fotografien der mit den unterschiedlichen Laserleistungsmodulationen erzeugten Strukturen für die Strukturwellenlänge $\lambda = 4$ mm und ein Laserleistungsamplitudenverhältnis von $P_A/P_{A,max} = 0{,}75$ dargestellt.

Bild 43 Fotografie der erzeugten Strukturen mit $\lambda = 4$ mm; $P_A/P_{A,max} = 0{,}75$; $P_M = 119$ W; $P_{A,max} = 54$ W; $d_L = 250$ µm; $v_{scan} = 50$ mm/s; dy = 62,5 µm; n = 1. a: Sinus; b: Dreieck; c: Rechteck

Insbesondere bei den mit sinus- und dreieckförmiger Laserleistungsmodulation erzeugten Strukturen ist die steigende Formabweichung durch eine Asymmetrie der Strukturen zu erklären. Grund dafür sind nach Temmler und Pirch [Tem20b, Tem20c] die unterschiedliche Dynamik der Schmelz- und Erstarrungsfront sowie der Ablationsdruck, der beim Erreichen der Siedetemperatur auftritt.

Ein weiterer Grund für die steigende Formabweichung ist für die mit dreieck- und rechteckförmiger Laserleistungsmodulation erzeugten Strukturen die Ausbildung einer Struktur, welche nicht der Laserleistungsmodulation, sondern eher der Ableitung dieser ähnelt. Dies ist ein Indiz dafür, dass bei Strukturwellenlängen von $\lambda > 2$ mm der Integrationsansatz angewendet werden kann. Ein weiteres Indiz ist die Phasenverschiebung, die in allen Verfahrensparameterbereichen darauf hindeutet, dass die Strukturausbildung nach dem Integrationsansatz und nicht dem konventionellen Ansatz erfolgt. Für die untersuchten Strukturen in diesem Verfahrensparameterbereich können die aus modelltheoretischen Untersuchungen gewonnenen Erkenntnisse von Temmler und Pirch [Tem20b, Tem20c] zur Strukturausbildung experimentell bestätigt werden. Die Änderung der Schmelzbadgeometrie resultiert hier vermutlich direkt aus der Änderung des Schmelzbadvolumens und damit der Änderung der Laserleistung.

Verfahrensparameterbereich für den Integrationsansatz

Im Folgenden wird untersucht, ob für die Erzeugung von Strukturen mit Strukturwellenlängen von $\lambda > 2$ mm der Integrationsansatz gilt. Da eine Belichtung für das Erzeugen von Strukturen mit $\lambda > 2$ mm bei einem Laserstrahldurchmesser von $d_L = 250$ µm nach Temmler [Tem12] aufgrund der kleinen, resultierenden Profilhöhe ungeeignet ist, wird im Folgenden mit vier Belichtungen strukturiert.

Für eine dreieckförmige Laserleistungsmodulation wird beim Umschmelzstrukturieren mit dem konventionellen Ansatz eine dreieckförmige Soll-Struktur und mit dem Integrationsansatz eine rechteckförmige Soll-Struktur erwartet. In Bild 44a ist daher die normierte Formabweichung zwischen einer dreieckförmigen Soll-Struktur und in Bild 44b zwischen einer rechteckförmigen Soll-Struktur und den Profilquerschnitten der mittels dreieckförmiger Laserleistungsmodulation erzeugten Strukturen als Funktion des Laserleistungsamplitudenverhältnisses und der Strukturwellenlänge dargestellt. Das Laserleistungsamplitudenverhältnis wird in fünf Stufen $P_A/P_{A,max}$ = 0,125; 0,25; 0,5; 0,75 und 1 und die Strukturwellenlänge in vier Stufen λ = 2 mm; 4 mm; 6 mm und 8 mm variiert.

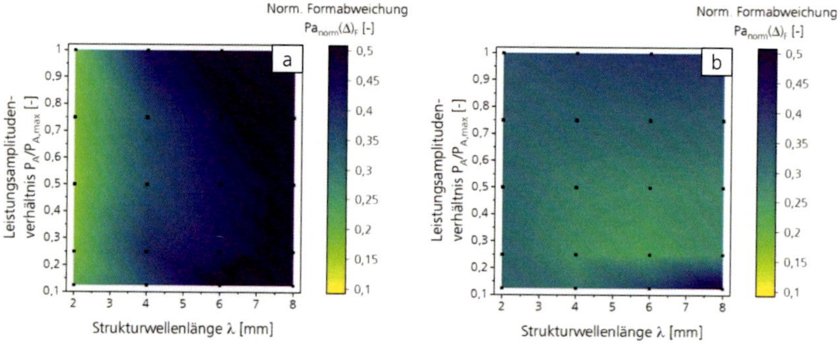

Bild 44: Normierte Formabweichung einer mit dreieckförmiger Laserleistungsmodulation erzeugten Struktur zu einer a: dreieckförmigen Soll-Struktur und b: rechteckförmigen Soll-Struktur mit P_M = 119 W; $P_{A,max}$ = 54 W; d_L = 250 µm; v_{scan} = 50 mm/s; dy = 62,5 µm; n = 4.

Beim Vergleich zu einer dreieckförmigen Soll-Struktur in Bild 44a steigt die normierte Formabweichung für alle untersuchten Laserleistungsamplitudenverhältnisse mit der Strukturwellenlänge und beträgt für λ = 2 mm $Pa_{norm}(\Delta)_F$ = 0,16 – 0,22 und für λ = 6 mm und 8 mm $Pa(\Delta)_F$ = 0,37 – 0,58. Beim Vergleich zu einer rechteckförmigen Soll-Struktur beträgt die normierte Formabweichung bei Strukturwellenlängen von λ > 2 mm für alle untersuchten Verfahrensparameterkombinationen (außer für λ = 8 mm und $P_A/P_{A,max}$ = 0,125) $Pa_{norm}(\Delta)_F$ = 0,06 – 0,32 und ist damit kleiner als beim Vergleich zu einer dreieckförmigen Soll-Struktur.

In Bild 45 ist die Differenz der normierten Formabweichungen aus Bild 44b und Bild 44a dargestellt. Dabei wird die beim Vergleich zur dreieckförmigen Soll-Struktur bestimmte Formabweichung $Pa_{norm,D}(\Delta)_F$ von der beim Vergleich zur rechteckförmigen Soll-Struktur bestimmten Formabweichung $Pa_{norm,R}(\Delta)_F$ subtrahiert. Für $Pa_{norm,R}(\Delta)_F$ - $Pa_{norm,D}(\Delta)_F$ < 0 ähneln die erzeugten Strukturen eher einer rechteckförmigen und für $Pa_{norm,R}(\Delta)_F$ - $Pa_{norm,D}(\Delta)_F$ > 0 eher einer dreieckförmigen Soll-Struktur. Für Strukturwellenlängen von λ = 2 mm ist die Differenz der normierten Formabweichungen positiv. Die erzeugten Strukturen ähneln somit für diese Strukturwellenlängen eher einer dreieckförmigen Struktur.

Bild 45:
Differenz der Formabweichung aus Bild 44b und Bild 44a mit P_M = 119 W; $P_{A,max}$ = 54 W; d_L = 250 µm; v_{scan} = 50 mm/s; dy = 62,5 µm; n = 4.

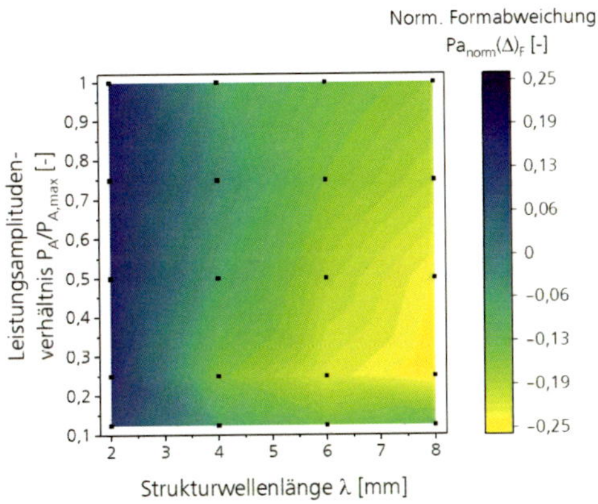

Die Profilquerschnitte mit einer Strukturwellenlänge von λ = 2 mm und $P_A/P_{A,max}$ = 0,25 in Bild 46a und $P_A/P_{A,max}$ = 0,75 in Bild 46b zeigen jedoch, dass die Strukturen verrundet sind und daher eher einer sinusförmigen als einer dreieckförmigen Struktur entsprechen.

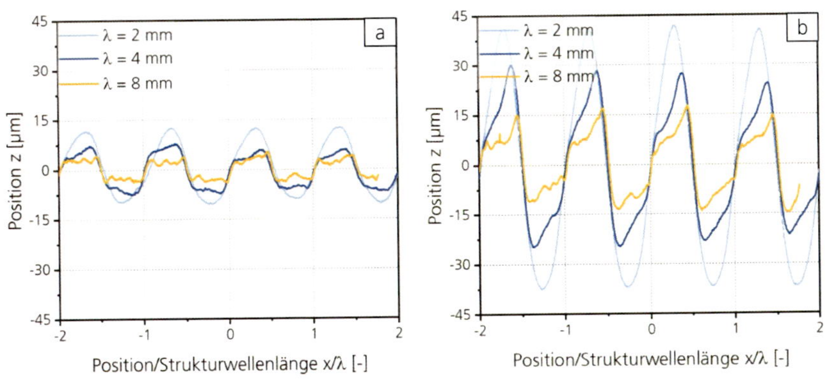

Bild 46: Profilquerschnitte der mit dreieckförmiger Laserleistungsmodulation erzeugten Strukturen mit einem Laserleistungsamplitudenverhältnis von a: $P_A/P_{A,max}$ = 0,25 und b: $P_A/P_{A,max}$ = 0,75 mit P_M = 119 W; $P_{A,max}$ = 54 W; d_L = 250 µm; v_{scan} = 50 mm/s; dy = 62,5 µm; n = 4.

Für Strukturwellenlängen von λ > 2 mm ist die Differenz der normierten Formabweichungen für alle untersuchten Laserleistungsamplitudenverhältnisse negativ.

Für diese Strukturwellenlängen ähneln die erzeugten Strukturen eher einer rechteck- als einer dreieckförmigen Struktur. In Bild 47 ist eine Fotografie der mit einer Strukturwellenlänge von $\lambda = 4$ mm und $P_A/P_{A,max} = 0{,}25$ erzeugten Struktur dargestellt. Bei Betrachtung der Profilquerschnitte in Bild 46 fällt auf, dass die mit $P_A/P_{A,max} \geq 0{,}75$ erzeugten Strukturen eine Asymmetrie aufweisen. Diese Asymmetrie ist nach Temmler und Pirch [Tem20b, Tem20c] auf die unterschiedliche Dynamik der Schmelz- und Erstarrungsfront sowie den Ablationsdruck, welcher beim Erreichen der Siedetemperatur auftritt, zurückzuführen.

Bild 47: Fotografie der mit dreieckförmiger Laserleistungsmodulation erzeugten Struktur mit $\lambda = 4$ mm; $P_A/P_{A,max} = 0{,}25$; $P_M = 119$ W; $P_{A,max} = 54$ W; $d_L = 250$ µm; $v_{scan} = 50$ mm/s; $dy = 62{,}5$ µm; $n = 4$

Zwischenfazit zum Strukturieren von 1-dimensionalen, periodischen Strukturen

Aus den Untersuchungen zum Strukturieren von periodischen, 1-dimensionalen Strukturen können drei verschiedene Verfahrensparameterbereiche (VPB) identifiziert werden, welche durch Unterschiede in der Strukturausbildung charakterisiert sind.

VPB1. Für Strukturwellenlängen von **$\lambda \leq 2$ mm** sind alle erzeugten Strukturen **sinusähnlich**. Für nicht stetig differenzierbare Strukturen entsprechen die erzeugten Strukturen in diesem Verfahrensparameterbereich somit weder der Laserleistungsmodulation noch der Ableitung dieser. Somit können dreieck- oder rechteckförmige Soll-Strukturen weder durch die Berechnung der Laserleistungsmodulation nach dem konventionellen Ansatz noch nach dem Integrationsansatz erzeugt werden.

VPB2. Für Strukturwellenlängen von **$\lambda > 2$ mm** ähneln die erzeugten Strukturen insbesondere bei Mehrfachbelichtungen und Laserleistungsamplitudenverhältnissen von **$P_A/P_{A,max} \leq 0{,}5$** der Ableitung der Laserleistungsmodulation. Für diesen Verfahrensparameterbereich kann die Laserleistungsmodulation zur Erzeugung der Soll-Struktur in erster Näherung durch den **Integrationsansatz** berechnet werden.

VPB3. Für Strukturwellenlängen von **$\lambda > 2$ mm** und Laserleistungsamplitudenverhältnissen von **$P_A/P_{A,max} \geq 0{,}75$** ähneln die erzeugten Strukturen der Ableitung der Laserleistungsmodulation, weisen jedoch eine **Asymmetrie** auf. die Laserleistungsmodulation zur Erzeugung der Soll-Struktur kann für diesen Verfahrensparameterbereich in erster Näherung durch den **Integrationsansatz** berechnet werden, die resultierenden Strukturen weisen jedoch eine größere Formabweichung auf als in Verfahrensparameterbereich 2.

7.1.2 Ansätze zur Reduzierung der Formabweichung

Obwohl die Laserleistungsmodulation für die Strukturerzeugung im Verfahrensparameterbereich von $\lambda \geq 2$ mm und $P_A/P_{A,max} \geq 0{,}75$ in erster Näherung durch den Integrationsansatz berechnet werden kann, weisen die erzeugten Strukturen aufgrund von Asymmetrie eine Formabweichung auf. Oreshkin et al. [Ore21] zeigen, dass eine Reduzierung der Asymmetrie durch eine Anpassung der Laserleistungsmodulation möglich ist. Der Nachteil dieser Anpassung ist jedoch, dass vorab eine umfangreiche Verfahrensparametervariation der Phasenverschiebung und der Laserleistungsamplitude durchgeführt werden muss. Daher soll eine Adaption entwickelt werden, mit der die Asymmetrie reduziert werden kann, ohne eine zeitaufwändige Verfahrensparameterstudie durchführen zu müssen. Ziel ist, die Laserleistungsmodulation so anzupassen, dass die Asymmetrie und damit die Formabweichung der mit Strukturwellenlängen von $\lambda \geq 2$ mm erzeugten Strukturen während der Strukturausbildung reduziert wird. Dazu werden zwei Adaptionen der Laserleistungsmodulation untersucht. Als erste Adaption wird der Laserleistungsmodulation ein Kompensationsterm hinzugefügt, der aus dem Differenz-Profil zwischen dem Soll-Profil und dem strukturierten Profil berechnet wird. Als zweite Adaption wird eine zusätzliche Modulation der Scangeschwindigkeit untersucht.[9,10]

Für die Untersuchung beider Adaptionen werden exemplarisch die symmetrische, sinusförmige Struktur mit einer Strukturwellenlänge von $\lambda = 1$ mm und die asymmetrische, sinusförmige Struktur mit einer Strukturwellenlänge von $\lambda = 2$ mm verwendet. In Bild 48 sind exemplarisch die Oberflächentopografie und die in der Mitte des Testfeldes extrahierten Profilquerschnitte von einer symmetrischen, sinusförmigen Struktur und in Bild 49 von einer asymmetrischen, sinusförmigen Struktur dargestellt. Neben den Profilquerschnitten sind jeweils das Soll-Profil und das berechnete Differenz-Profil dargestellt.

9. Ein Teil der in diesem Kapitel vorgestellten experimentellen Untersuchungen wurde im Rahmen der von der Verfasserin betreuten Masterarbeit von *Schober* durchgeführt.

10 Teilaspekte dieses Kapitels wurden von der Verfasserin bereits veröffentlicht [Kre24].

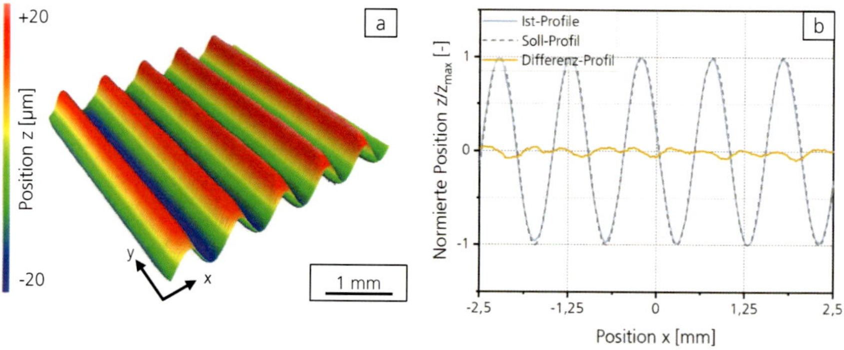

Bild 48a: Oberflächentopografie und b: Profilquerschnitt einer erzeugten, symmetrischen Struktur mit Strukturwellenlänge λ = 1 mm im Vergleich zum Soll-Profil und dem berechneten Differenz-Profil mit $P_A/P_{A,max}$ = 0,75 und; P_M = 119 W; $P_{A,max}$ = 54 W; d_L = 250 µm; v_{scan} = 50 mm/s; dy = 62,5 µm; n = 1.

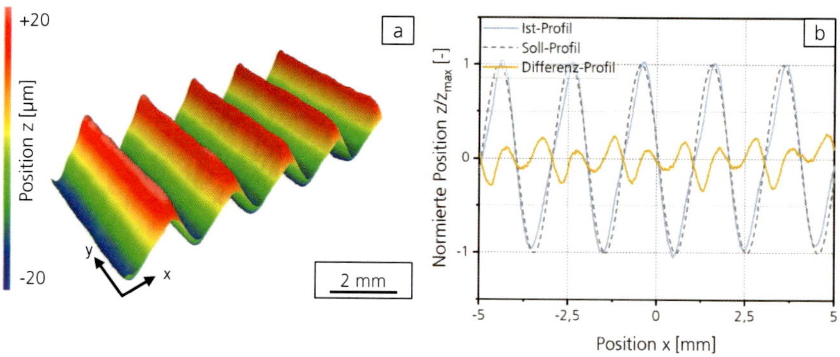

Bild 49a: Oberflächentopografie und b: Profilquerschnitt einer erzeugten, asymmetrischen Struktur mit Strukturwellenlänge λ = 2 mm im Vergleich zum Soll-Profil und dem berechneten Differenz-Profil mit $P_A/P_{A,max}$ = 0,75 und; P_M = 119 W; $P_{A,max}$ = 54 W; d_L = 250 µm; v_{scan} = 50 mm/s; dy = 62,5 µm; n = 1.

Die Formabweichung wird für die symmetrische Struktur zu $Pa(\Delta)_F$ = 0,043 und für die asymmetrische Struktur zu $Pa(\Delta)_F$ = 0,122 bestimmt. Die symmetrische Struktur weist damit eine größere Übereinstimmung mit der Soll-Struktur auf als die asymmetrische Struktur. Die Asymmetrie der ohne Kompensationsterm erzeugten Struktur resultiert daraus, dass die Struktur in Scanrichtung geneigt ist.

Das bedeutet, der Betrag der Steigung ist an der steigenden Flanke des Strukturberg kleiner als an der sinkenden Flanke des Strukturbergs. Die betragsmäßig unterschiedliche Steigung ist auch im Differenz-Profils zu erkennen. Die Strukturwellenlänge des Differenz-Profils weist die halbe Strukturwellenlänge des erzeugten Profils auf. Die Strukturberge des Differenzprofils befinden sich dabei an den Flanken des Profils der erzeugten Struktur. Das Differenz-Profil ist dabei an der steigenden Flanke größer als an der fallenden Flanke.

Anpassung der Laserleistungsmodulation

Für die erste Adaption soll die Asymmetrie durch Hinzufügen eines Kompensationsterms zur Laserleistungsmodulation reduziert werden. Der Kompensationsterm wird aus dem berechneten Differenz-Profil zwischen Soll-Profil und Profilquerschnitt der erzeugten asymmetrischen Struktur berechnet. Aus dem Profilquerschnitt der Soll-Struktur $h_{Soll}(x)$ und der Differenzstruktur $\Delta(x)$ wird anschließend nach Formel 7.1 ein modifizierter Profilquerschnitt $h_{Mod}(x)$ berechnet, wobei A_Δ einen Faktor für die Gewichtung des Differenz-Profils darstellt. Die Berechnung der Laserleistungsmodulation erfolgt anschließend mit Verwendung des modifizierten Profilquerschnitts nach dem Integrationsansatz nach Formel 7.2.

Formel 7.1

$$h_{Mod}(x) = h_{Soll}(x) - A_\Delta \cdot \Delta(x)$$

$h_{Mod}(x)$: Modifizierter Profilquerschnitt
$h_{Soll}(x)$: Soll-Profil
A_Δ: Gewichtungsfaktor für das Differenz-Profil
$\Delta(x)$: Differenz-Profil
x: Position

Formel 7.2

$$P_L(x) = P_M + P_A \cdot || \int_0^L h_{Mod}(x) \cdot dx ||$$

$P_L(x)$: Laserleistungsmodulation
P_M: Mittlere Laserleistung
P_A: Laserleistungsamplitude,
$h_{Mod}(x)$: Modifizierter Profilquerschnitt
dx: Inkrement
x: Position

Im Folgenden wird exemplarisch an der asymmetrischen, sinusförmigen Struktur mit der Strukturwellenlänge λ = 2 mm untersucht, ob die Strukturierung mit einer Laserleistungsmodulation mit dem beschriebenen Kompensationsterm zu einer Reduzierung der Asymmetrie führt. Die Formabweichung, der mit dem Kompensationsterm erzeugten Strukturen, ist in Bild 50a in Abhängigkeit des Gewichtungsfaktors A_Δ dargestellt. Für $A_\Delta = 0$ wird kein Kompensationsterm verwendet, das Soll-Profil also nicht modifiziert. A_Δ wird variiert, um zu untersuchen, wie das Differenz-Profil gewichtet werden muss, um die größte Reduzierung der Asymmetrie zu erreichen.

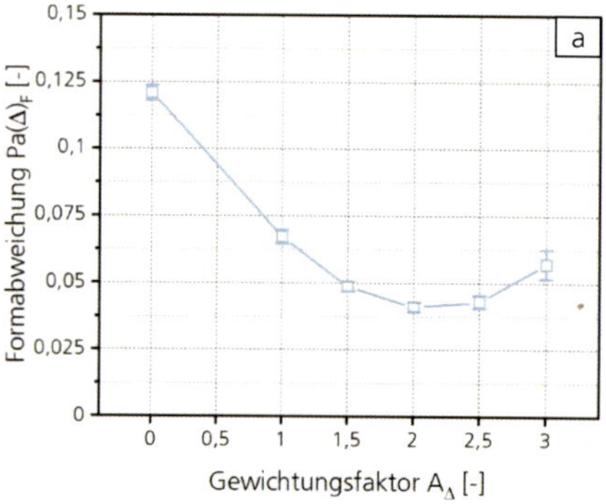

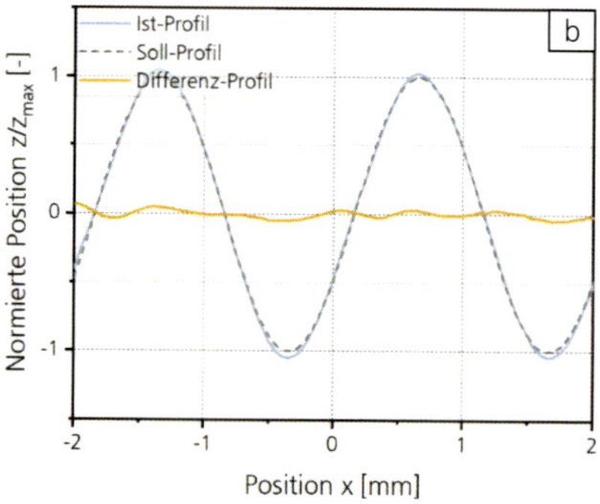

Bild 50a: Formabweichung der mit sinusförmiger Laserleistungsmodulation mit Kompensationsterm erzeugten Strukturen in Abhängigkeit des Gewichtungsfaktors und b: Profilquerschnitt einer mit $A_\Delta = 2$ erzeugten Struktur mit Soll-Profil und berechnetem Differenz-Profil mit $\lambda = 2$ mm; $d_L = 250$ µm; $P_M = 119$ W; $P_A/P_{A,max} = 0{,}75$; $v_{scan} = 50$ mm/s; dy = 62,5 µm; n = 1.

Mit einer Steigerung des Gewichtungsfaktors bis $A_\Delta = 2$ sinkt die Formabweichung um bis zu 66 % von $Pa(\Delta)_F = 0{,}121$ bei $A_\Delta = 0$ auf $Pa(\Delta)_F = 0{,}041$ bei $A_\Delta = 2$. Mit einer weiteren Erhöhung von A_Δ steigt die Formabweichung. Der Profilquerschnitt der erzeugten Struktur, der Soll-Struktur und der Differenzstruktur mit der kleinsten Formabweichung bei der Gewichtung $A_\Delta = 2$ ist in Bild 50b dargestellt.

Die Formabweichung der mit dem Kompensationsterm erzeugten Struktur mit $\lambda = 2$ mm ist ähnlich zu der Formabweichung der symmetrischen, sinusförmigen Struktur mit $\lambda = 1$ mm. Durch die Verwendung einer Laserleistungsmodulation mit Kompensationsterm kann somit die Asymmetrie der erzeugten Struktur reduziert werden.

Als Erklärungsansatz für diese Beobachtung wird das nach Formel 7.1 berechnete modifizierte Profil und die daraus nach Formel 7.2 berechnete Laserleistungsmodulation betrachtet. In Bild 51a ist das ursprüngliche Soll-Profil im Vergleich zum modifizierten Profil dargestellt. Bild 51b zeigt die aus beiden Profilen berechnete Laserleistungsmodulation. Der Betrag der Steigung an der steigenden Flanke ist für das modifizierte Profil im Vergleich zum ursprünglichen Soll-Profil größer und an der fallenden Flanke kleiner. Die aus dem modifizierten Profil berechnete Leistungsmodulation ist dadurch leicht asymmetrisch und in Scanrichtung geneigt. Zudem sind die Berge der Leistungsmodulation gestreckt und die Täler gestaucht, wodurch die aus dem modifizierten Profil berechnete Laserleistungsmodulation im Bereich der fallenden Flanke die größte Abweichung zu der aus dem Soll-Profil berechneten Laserleistungsmodulation aufweist.

Die Entstehung von Asymmetrie beruht nach Temmler und Pirch [Tem20a] auf der unterschiedlichen Dynamik der Schmelz- und Erstarrungsfront des Schmelzbades. An der fallenden Flanke der Laserleistungsmodulation ist die Geschwindigkeit der Erstarrungsfront aufgrund der insgesamt kleiner werdenden Schmelzbadgröße größer als bei steigender Laserleistung und weist die mitunter größte Differenz zur Geschwindigkeit der Schmelzbadfront auf [Tem20a]. Die Asymmetrie kann somit durch die Anpassung der Laserleistungsmodulation in diesem Bereich reduziert werden.

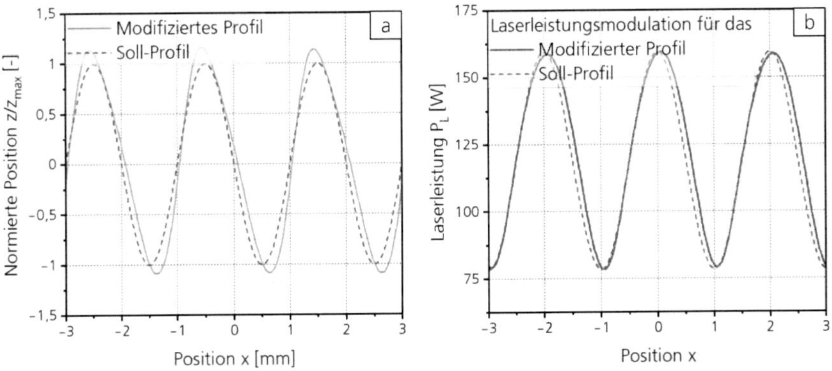

Bild 51: a: Profilquerschnitt des Soll-Profils und dem aus dem Soll-Profil und dem Differenzprofil nach Formel 7.1 berechneten modizierten Profilquerschnitt mit $A_\Delta = 2$. b: Die für das Soll-Profil nach dem Integrationsansatz berechnete Laserleistungsmodulation und die für das modifizierte Profil nach Formel 7.2 berechnete Laserleistungsmodulation.

Der Nachteil der beschriebenen Adaption ist, dass das Differenz-Profil zwischen Soll-Struktur und der, in einem ersten Prozessschritt ohne Anpassung, erzeugten Struktur für die Berechnung des modifizierten Profilquerschnitts notwendig ist. Somit muss das Strukturieren der Struktur mit Kompensationsterm stets auf einem zweiten Testfeld erfolgen. Für das Destrukturieren vorstrukturierter Flächen ist dies aufgrund der großen Reproduzierbarkeit der erzeugten Strukturen i.d.R. kein Hindernis. Für die geplante Anwendung, bei der eine bereits vorhandene Struktur auf Basis von Oberflächentopografiedaten destrukturiert werden soll, ist dieser Ansatz jedoch nicht geeignet.

Modulation der Scangeschwindigkeit

Als zweite Adaption zur Reduzierung der Asymmetrie wird eine Modulation der Scangeschwindigkeit während des Prozesses untersucht. Temmler und Pirch [Tem20b] zeigen, dass die Asymmetrie der Strukturen unter anderem auf die unterschiedliche Dynamik der Schmelz- und Erstarrungsfront des Schmelzbades zurückzuführen ist. Die Geschwindigkeit der Erstarrungsfront unterscheidet sich von der Scangeschwindigkeit. Dieser Geschwindigkeitsunterschied ändert sich mit der Änderung der Laserleistung. Bei kleiner werdender Laserleistung ist die Geschwindigkeit der Erstarrungsfront aufgrund der insgesamt kleiner werdenden Schmelzbadgröße größer als bei steigender Laserleistung. Damit oszilliert die Geschwindigkeit der Erstarrungsfront relativ zur Scangeschwindigkeit. In Bild 52 ist der Abstands S_L zwischen dem Rand der belichteten Fläche und dem Dreiphasenpunkt dargestellt. Dieser wird mit der Verkleinerung der Laserleistung bis zum Erreichen der minimalen Laserleistung kleiner und umgekehrt bei Vergrößerung der Laserleistung bis zum Erreichen der maximalen Laserleistung größer. [Tem20b]

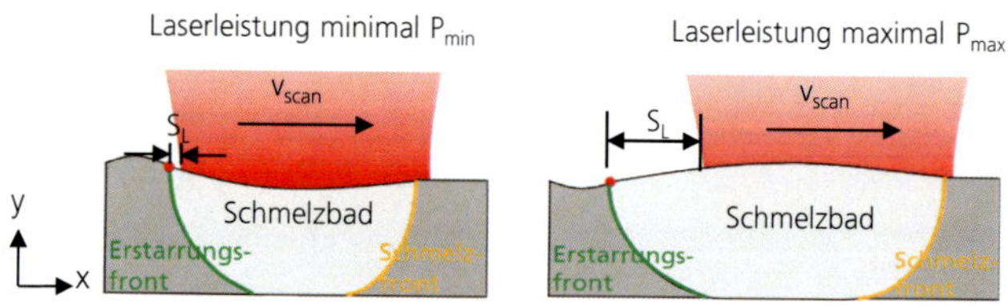

Bild 52: Schematische Darestellung des Schmelzbades bei minimaler und maximaler Laserleistung bei einer sinusförmigen Laserleistungsmodulation.

In der von Temmler und Pirch [Tem20b] durchgeführten FEM-Simulation zur Erzeugung einer sinusförmigen Struktur auf 1.2343 mit v_{scan} = 50 mm/s, λ = 1 mm, P_M = 115 W und P_A = 50 W wird die maximale Geschwindigkeitsabweichung der Schmelzbadfront von der Scangeschwindigkeit mit 5,5 mm/s und die maximale Geschwindigkeitsabweichung der Erstarrungsfront von der Scangeschwindigkeit mit -8 mm/s bestimmt. Der Geschwindigkeitsunterschied zwischen der Schmelz- und der Erstarrungsfront beträgt somit bis zu 13,5 mm/s.

Die zu untersuchende Adaption zur Reduzierung der Asymmetrie beruht auf der Idee, die Geschwindigkeit der Erstarrungsfront, an der die Strukturausbildung stattfindet, konstant zu halten. Daher wird die Scangeschwindigkeit stets reduziert, wenn die Laserleistung sinkt. Dazu werden zwei verschiedene Anpassungen der Scangeschwindigkeit untersucht. Bei der ersten Anpassung, die in Bild 53a dargestellt ist, ist der Wert der reduzierten Scangeschwindigkeit konstant. Sobald die Laserleistung sinkt, wird die Scangeschwindigkeit auf einen konstanten Wert der minimal verwendeten Scangeschwindigkeit $v_{scan,min}$ reduziert. Bei der zweiten Anpassung, die in Bild 53b dargestellt ist, wird die Scangeschwindigkeit mit sinkender Laserleistung linear auf die minimale Scangeschwindigkeit $v_{scan,min}$ reduziert und linear wieder gesteigert. Im Gegensatz zur ersten Anpassung führt dies zu einem stetig differenzierbarem Geschwindigkeitsverlauf der Scangeschwindigkeit.

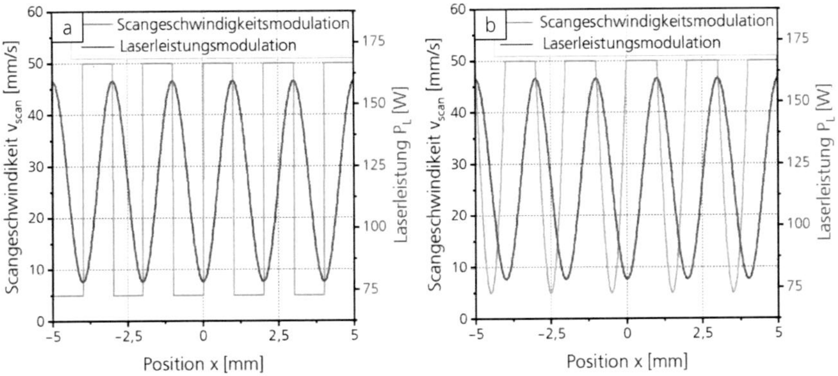

Bild 53: Anpassung der Scangeschwindigkeit zur Reduzierung der Asymmetrie für sinusförmige Strukturen. a: Die reduzierte Scangeschwindigkeit ist konstant. b: Die Scangeschwindigkeit wird linear reduziert.

In Bild 54 ist die Formabweichung in Abhängigkeit von der minimalen Scangeschwindigkeit $v_{scan,min}$ für beide Anpassungen dargestellt. Die minimale Scangeschwindigkeit wird für den Vergleich der beiden Anpassungen eingeführt und beschreibt die jeweils kleinste Scangeschwindigkeit während der Laserleistungsmodulation. Der erste Datenpunkt beider Kurven mit einer minimalen Scangeschwindigkeit von $v_{scan,min}$ = 50 mm/s stellt als Referenzwert das Strukturieren ohne Anpassung dar.

Bild 54: Formabweichung der mit sinusfömiger Laserleistungsmodulation und Modulation der Scangeschwindigkeit erzeugten Strukturen mit λ = 2 mm; d_L = 250 µm; P_M = 119 W; $P_A/P_{A,max}$ = 0,75; dy = 62,5 µm; n = 1.

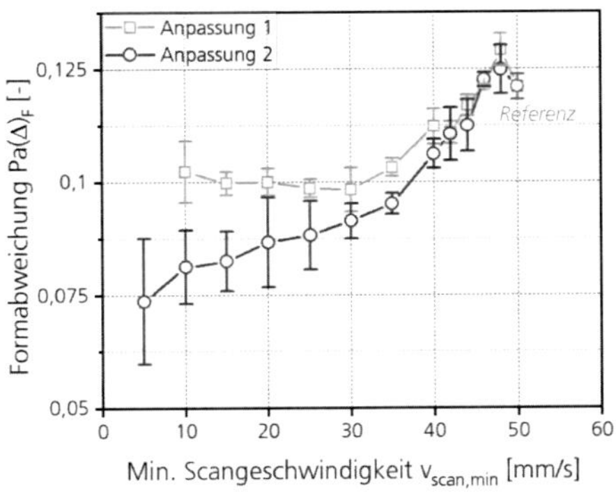

Bei einer Reduzierung der minimalen Scangeschwindigkeit nimmt die Formabweichung bei beiden Anpassungen ab. Für Anpassung 1 sinkt die Formabweichung auf bis zu $Pa(\Delta)_F$ = 0,098 bei einer minimalen Scangeschwindigkeit von $v_{scan,min}$ = 30 mm/s. Eine weitere Reduzierung der minimalen Scangeschwindigkeit führt zu keiner weiteren Reduzierung der Formabweichung außerhalb der Standardabweichung. Bei Anpassung 2 sinkt die Formabweichung auf bis zu $Pa(\Delta)_F$ = 0,074 bei einer minimalen Scangeschwindigkeit von $v_{scan,min}$ = 5 mm/s. Anpassung 2 führt somit zu einer größeren Reduzierung der Formabweichung.

Die Anpassung der Scangeschwindigkeit führt vermutlich dazu, dass die Geschwindigkeit der Erstarrungsfront, an der die Strukturausbildung stattfindet, nicht mehr so stark fluktuiert wie ohne die Anpassung der Scangeschwindigkeit. Die Geschwindigkeit der Erstarrungsfront wird ohne Anpassung der Scangeschwindigkeit aufgrund der insgesamt kleiner werdenden Schmelzbadgröße bei kleiner werdender Laserleistung größer, was in einer asymmetrischen Strukturausbildung resultiert [Tem20b]. Durch die Anpassung der Scangeschwindigkeit wird die Scangeschwindigkeit immer dann reduziert, wenn auch die Laserleistung kleiner wird. Da die Schmelzbadgröße mit kleiner werdender Scangeschwindigkeit steigt [Kie09], haben eine sinkende Laserleistung und sinkende Scangeschwindigkeit einen konträren Effekt auf die Schmelzbadgröße. Die Anpassung der Scangeschwindigkeit kann somit vermutlich zumindest teilweise dem Abnehmen der Schmelzbadgröße und damit auch der Fluktuation der Geschwindigkeit der Erstarrungsfront entgegenwirken, wodurch die Asymmetrie der Strukturen und damit auch die Formabweichung reduziert wird. Eine lineare Reduzierung der Scangeschwindigkeit (Anpassung 2) scheint dabei von Vorteil zu sein, vermutlich da die Anpassung der Scangeschwindigkeit kontinuierlich und nicht sprunghaft erfolgt. Dennoch ist die Formabweichung der sinusförmigen Struktur mit λ = 2 mm mit Anpassung der Scangeschwindigkeit noch 72 % größer als die Formabweichung der mit λ = 1 mm erzeugten Struktur.

Zwischenfazit zur Reduzierung der Formabweichung

Aus den Untersuchungen geht hervor, dass beide Adaptionen im untersuchten Verfahrensparameterraum zu einer Verringerung der Asymmetrie und damit zu einer Reduzierung der Formabweichung eingesetzt werden können.

- Für die Adaption der Laserleistungsmodulation über einen Kompensationsterm kann die Formabweichung um bis zu 66 % von $Pa(\Delta)_F$ = 0,121 auf $Pa(\Delta)_F$ = 0,041 reduziert werden. Der Kompensationsterm wird aus dem Differenz-Profil zwischen Soll-Profil und dem Profilquerschnitt der erzeugten Struktur berechnet. Für das Destrukturieren von Welligkeiten auf laserpolierten PBF Oberflächen ist diese Adaption jedoch nicht anwendbar, da die Differenzstruktur nicht bestimmt werden kann. Somit wäre eine analytische oder numerische Bestimmung der Differenzstruktur auf Basis einer anzulegenden Strukturdatenbank erforderlich.

- Bei einer Modulation der Scangeschwindigkeit ist die Berechnung des Differenz-Profils nicht erforderlich. Durch die Anpassung der Scangeschwindigkeit wird die Scangeschwindigkeit stets reduziert, wenn auch die Laserleistung reduziert wird. Eine sinkende Laserleistung und eine sinkende Scangeschwindigkeit haben einen konträren Effekt auf die Schmelzbadgröße. Die Anpassung der Scangeschwindigkeit kann somit vermutlich der Fluktuation der Geschwindigkeit der Erstarrungsfront entgegenwirken, wodurch die Formabweichung reduziert wird. Diese Adaption ist damit sowohl für vorstrukturierte Flächen als auch für das Destrukturieren von Welligkeiten auf laserpolierten PBF Oberflächen geeignet. Jedoch wird die Asymmetrie und damit die Formabweichung mit bis zu 33 % auf $Pa(\Delta)_F = 0{,}074$ nicht so stark reduziert wie bei der Adaption der Laserleistungsmodulation.

7.1.3 Strukturieren von nicht-periodischen, 1-dimensionalen Strukturen

Im Folgenden wird der Integrationsansatz für das Strukturieren nicht-periodischer, 1-dimensionaler Strukturen erprobt.[11] Als Soll-Profil dient dabei der in Bild 28 unten dargestellte, aus der Oberflächentopografie der laserpolierten PBF Oberfläche extrahierte, Profilquerschnitt. Nach der in Kapitel 5 durchgeführten FFT weist das Soll-Profil hauptsächlich überlagerte, sinusförmige Strukturen mit Strukturwellenlängen von $\lambda > 0{,}5$ mm auf, wobei die größten Amplituden bei Strukturwellenlängen von $\lambda > 2$ mm bestimmt werden. Der Integrationsansatz sollte somit nach den Ergebnissen aus 7.1.1 in erster Näherung zum Strukturieren dieser Struktur geeignet sein. Die Laserleistungsmodulation für das Strukturieren des Soll-Profils wird nach Formel 6.2 berechnet und ist in Bild 55 dargestellt.

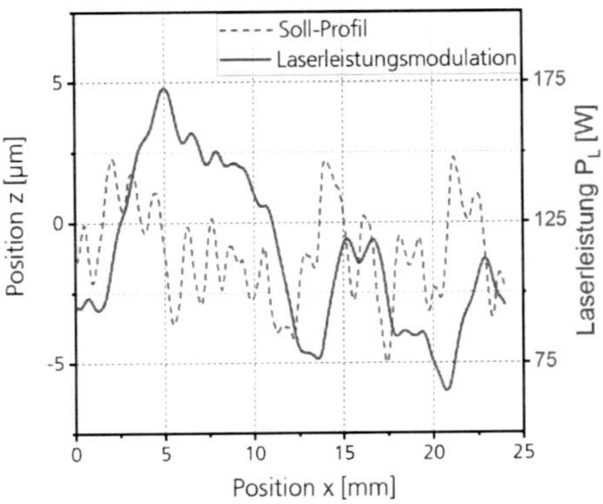

Bild 55: Zu strukturierendes Soll-Profil und nach dem Integrationsansatz berechnete Laserleistungsmodulation mit $P_A = P_{A,max}$.

[11] Teilaspekte dieses Kapitels wurden von der Verfasserin bereits veröffentlicht [Kre22].

In Bild 56a ist die mittlere Strukturhöhe und in Bild 56b die Formabweichung zwischen Soll-Profil und den Profilquerschnitten der mittels Integrationsansatz erzeugten Strukturen in Abhängigkeit des Laserleistungsamplitudenverhältnisses für eine verschiedene Anzahl an Belichtungen dargestellt. Die mittlere Strukturhöhe Pa wird als Mittenrauwert des ungefilterten Primärprofils nach DIN EN ISO 4287 [DIN10] bestimmt. Die gestrichelte Linie stellt die mittlere Strukturhöhe des Soll-Profils dar. Das Laserleistungsamplitudenverhältnis wird in fünf Stufen $P_A/P_{A,max}$ = 0,125; 0,25; 0,5; 0,75 und 1 variiert. Die Anzahl der Belichtungen wird in drei Stufen n = 1; 2 und 4 variiert.

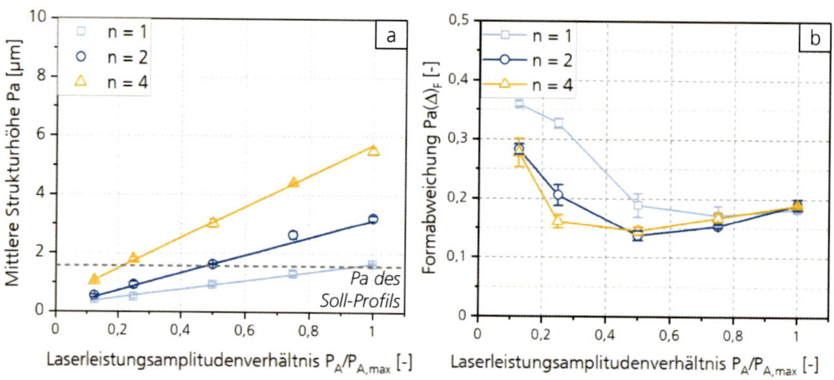

Bild 56a: Mittlere Strukturhöhe und b: Formabweichung der mittels Integrationsansatz erzeugten 1-dimensionalen, nicht-periodischen Strukturen mit d_L = 250 µm; P_M = 119 W; $P_{A,max}$ = 54 W; dy = 62,5 µm, v_{scan} = 50 mm/s.

Aus den Datenpunkten für die mittlere Strukturhöhe werden mit dem linearen Fit nach Formel 7.3 die in Tabelle 8 dargestellten Werte für die Steigung und den Schnittpunkt mit der y-Achse[12] bestimmt.

Formel 7.3
$$Pa = m \cdot P_A/P_{A,max} + Pa_0$$

Pa: Mittlere Strukturhöhe
m: Steigung der Geraden
$P_A/ P_{A,max}$: Laserleistungsamplitudenverhältnis
Pa_0: Schnittpunkt mit der y-Achse

[12] Das Umschmelzstrukturieren mit einer Laserleistungsamplitudenverhältnis von $P_A/P_{A,max}$ = 0 führt nicht zu einer Strukturausbildung und entspricht dem Laserpolieren. Der Schnittpunkt mit der y-Achse ist somit eine rein mathematische Größe zur Bestimmung der Geradegleichung. Die berechneten linearen Zusammenhänge gelten nicht für $P_A/P_{A,max}$ < 0,125.

Tabelle 8: Steigung und Schnittpunkt mit der y-Achse zur Beschreibung der Abhängigkeit von Mittlerer Strukturhöhe und Laserleistungsamplitude in Form einer Geradengleichung für verschiedene Anzahl an Belichtungen

Anzahl Belichtungen n [-]	**Steigung m [µm]**	**Schnittpunkt mit der y-Achse Pa_0 [µm]**
1	1,45	0,19
2	3,00	0,13
4	5,28	0,42

Mit einem Bestimmtheitsmaß von jeweils $R^2 = 0{,}99$ ist der Zusammenhang zwischen der mittleren Strukturhöhe und der Laserleistungsamplitude, wie nach dem Stand der Technik erwartet, als linear zu betrachten. Die Steigung der Geraden wird mit steigender Anzahl an Belichtungen größer. Für mehrfache Belichtungen werden somit größere mittlere Strukturhöhen erreicht. Die mittlere Strukturhöhe des Soll-Profils wird bei einer Belichtung mit $P_A/P_{A,max} = 1$, bei zwei Belichtungen mit $P_A/P_{A,max} = 0{,}5$ und bei vier Belichtungen mit $P_A/P_{A,max} = 0{,}25$ erreicht.

Die Formabweichung ist abhängig von dem Laserleistungsamplitudenverhältnis und der Anzahl der Belichtungen. Bei einer Belichtung sinkt die Formabweichung mit steigendem Laserleistungsamplitudenverhältnis bis bei $P_A/P_{A,max} = 0{,}75$ die kleinste Formabweichung von $Pa(\Delta)_F = 0{,}17$ erreicht wird. Bei steigender Anzahl an Belichtungen sinkt das Laserleistungsamplitudenverhältnis, mit welchem die jeweils kleinste Formabweichung erreicht wird. Bei zwei Belichtungen wird die kleinste Formabweichung von $Pa(\Delta)_F = 0{,}14$ und für vier Belichtungen von $Pa(\Delta)_F = 0{,}15$ bei $P_A/P_{A,max} = 0{,}5$ erreicht. Die insgesamt kleinste Formabweichung wird somit für zwei Belichtungen und $P_A/P_{A,max} = 0{,}5$ erreicht. Für $n \geq 2$ werden tendenziell kleinere Formabweichungen erreicht. In Bild 57 sind gemittelte Profilquerschnitte dargestellt, bei denen die mittlere Profilhöhe des Soll-Profils mit $n = 1$; 2 und 4 erreicht wird. In Bild 58 ist die Oberflächentopografie und in Bild 59 eine Fotografie der mit $n = 2$ und $P_A/P_{A,max} = 0{,}5$ erzeugten Struktur dargestellt.

Bild 57:
Aus jeweils drei Profilquerschnitten gemittelte Profilquerschnitte der mittels Integrationsansatz erzeugten 1-dimensionalen, nicht-periodischen Strukturen mit d_L = 250 µm; P_M = 119 W; $P_{A,max}$ = 54 W; dy = 62,5 µm, v_{scan} = 50 mm/s.

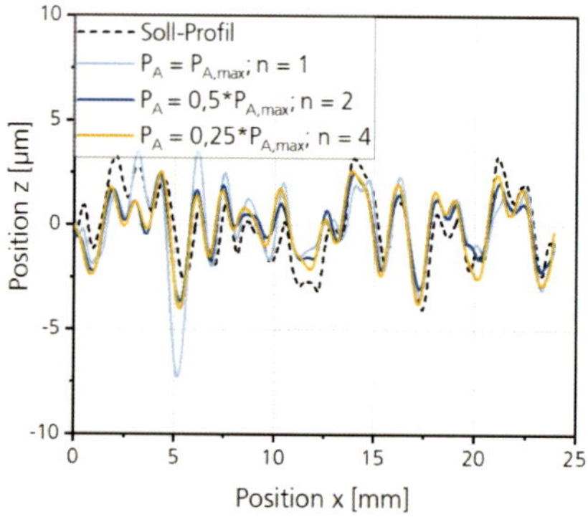

Grund für die relativ große Formabweichung bei einer Belichtung ist die Überstrukturierung, z.B. an Position x = 5,2 mm oder x = 7 mm. Die Überstrukturierung der mit n = 2 und n = 4 erzeugten Profilquerschnitte ist kleiner. Weiterhin erkennbar ist, dass für alle Profilquerschnitte Strukturanteile mit Strukturwellenlängen von $\lambda < 0,5$ mm, wie z.B. an den Positionen x = 12 mm und x = 20 mm, nicht strukturiert werden.

Bild 58:
Oberflächentopografie einer mittels Integrationsansatz erzeugten 1-dimensionalen Struktur mit P_M = 119 W; $P_A = 0,5*P_{A,max}$; $P_{A,max}$ = 54 W; d_L = 250 µm; v_{scan} = 50 mm/s; dy = 62,5 µm; n = 2.

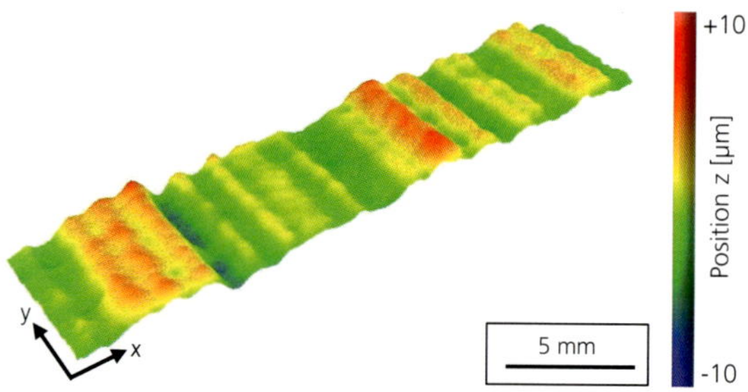

Für das Strukturieren der nicht-periodischen, 1-dimensionalen Soll-Struktur kann mittels Integrationsansatz eine im Vergleich zum konventionellen Ansatz (vgl. Kapitel 6.1) um 53 % kleinere Formabweichung erzielt werden. Der Integrationsansatz ist somit für die Strukturerzeugung von nicht-periodischen, 1-dimensionalen Strukturen geeigneter als der konventionelle Ansatz.

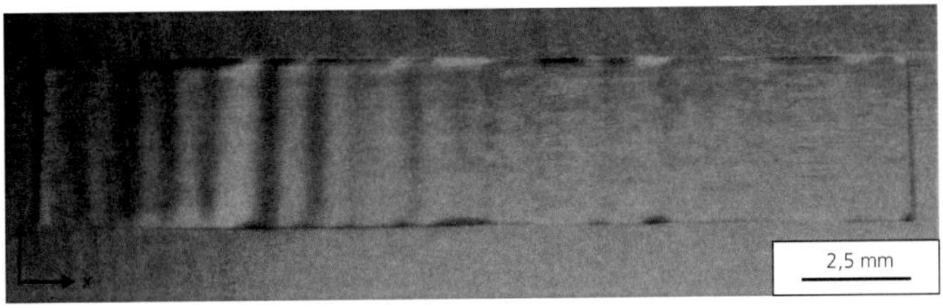

Bild 59:
Fotografie einer mittels Integrationsansatz erzeugten 1-dimensionalen Struktur mit $P_M = 119$ W; $P_A = 0,5*P_{A,max}$ $P_{A,max} = 54$ W; $d_L = 250$ µm; $v_{scan} = 50$ mm/s; dy = 62,5 µm; n = 2.

Ansätze zur Reduzierung der Formabweichung

Die Formabweichung ist für eine Belichtung größer als für mehrfache Belichtungen. Im Folgenden soll daher die Formabweichung beim Strukturieren mit nur einer Belichtung reduziert werden, indem wie bereits in Kapitel 7.1.2 für periodische Strukturen demonstriert, die Scangeschwindigkeit moduliert wird. Obwohl die Formabweichung nicht so stark reduziert wird wie bei der Adaption der Laserleistungsmodulation, ist für die Modulation der Scangeschwindigkeit die Berechnung des Differenz-Profils nicht erforderlich, was diese Anpassung für die geplante Anwendung geeignet macht.

Analog zu Kapitel 7.1.2 erfolgen zwei verschiedene Anpassungen der Scangeschwindigkeit. In Bild 60 sind beide Anpassungen für die Laserleistungsmodulation zum Strukturieren für das nicht-periodische Soll-Profil dargestellt. In der ersten Anpassung, dargestellt in Bild 60a, wird der Wert der reduzierten Scangeschwindigkeit bei sinkender Laserleistung auf einen konstanten Wert reduziert. Bei der zweiten Anpassung, die in Bild 60b dargestellt ist, wird die Scangeschwindigkeit mit sinkender Laserleistung linear auf die minimale Scangeschwindigkeit $v_{scan,min}$ reduziert und linear wieder gesteigert.

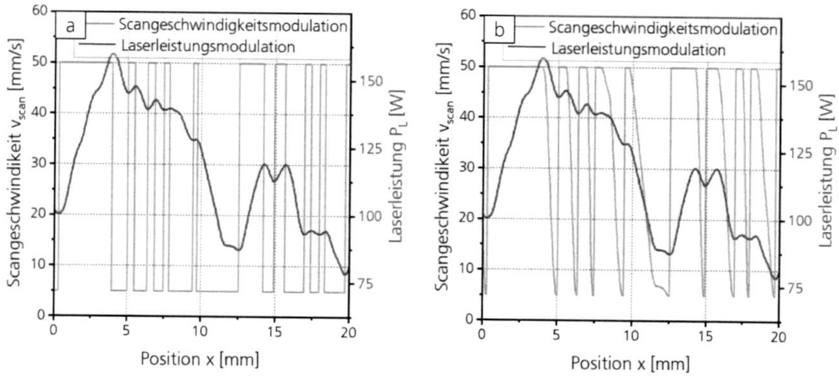

Bild 60: Anpassung der Scangeschwindigkeit zur Reduzierung der Asymmetrie für das nicht-periodische Soll-Profil. a: Die reduzierte Scangeschwindigkeit ist konstant. b: Die Scangeschwindigkeit wird linear reduziert.

Die Formabweichung in Abhängigkeit der minimalen Scangeschwindigkeit $v_{scan,min}$ ist für beide Anpassungen in Bild 61 dargestellt. Die gestrichelte Linie stellt die Formabweichung der erzeugten Struktur ohne Anpassung der Scangeschwindigkeit dar und bildet somit den Referenzwert.

Bild 61: Formabweichung der mittels Integrationsansatz und Modulation der Scangeschwindigkeit erzeugten erzeugten 1-dimensionalen, nicht-periodischen Strukturen mit P_M = 119 W; $P_A = 0{,}75 \cdot P_{A,max}$; $P_{A,max}$ = 54 W; d_L = 250 µm; v_{scan} = 50 mm/s; dy = 62,5 µm; n = 1.

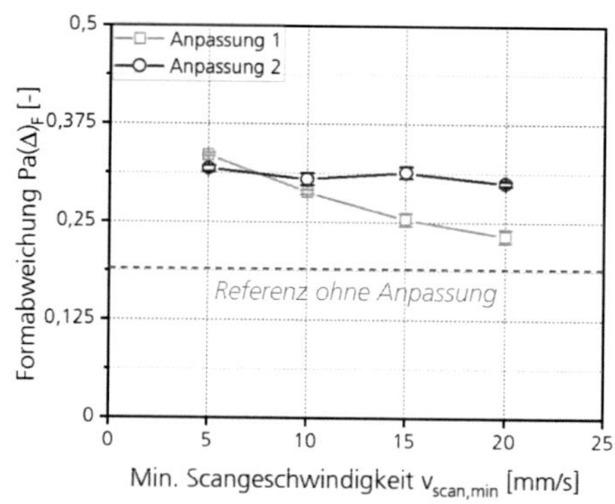

Bei der Reduzierung der minimalen Scangeschwindigkeit auf $v_{scan,min}$ = 5 – 20 mm/s nimmt die Formabweichung bei beiden Anpassungen zu. Für Anpassung 1 steigt die Formabweichung im Vergleich zum Referenzwert um 43 % auf bis zu $Pa(\Delta)_F = 0{,}34$ bei einer minimalen Scangeschwindigkeit von

$v_{scan,min}$ = 5 mm/s. Bei größeren minimalen Scangeschwindigkeiten steigt die Formabweichung weniger stark (17 % bei $v_{scan,min}$ = 20 mm/s). Für Anpassung 2 steigt die Formabweichung im Vergleich zum Referenzwert um bis zu 40 % auf $Pa(\Delta)_F$ = 0,32 bei einer minimalen Scangeschwindigkeit von $v_{scan,min}$ = 5 mm/s. Anpassung 2 führt für alle untersuchten minimalen Scangeschwindigkeiten zu einer ähnlichen Steigerung der Formabweichung.

Anders als bei den periodischen Strukturen in Kapitel 7.1.2 führt die Modulation der Scangeschwindigkeit bei dem hier untersuchten nicht-periodischen Soll-Profil nicht zu einer Reduzierung, sondern zu einer Steigerung der Formabweichung. Die erfolgreiche Reduzierung der Formabweichung für sinusförmige, periodische Strukturen durch die Anpassung der Scangeschwindigkeit ist vermutlich darin begründet, dass der Haupteinflussfaktor auf die Formabweichung für diese Strukturen die Asymmetrie ist. Die grundlegende Idee hinter der Anpassung der Scangeschwindigkeit ist es, die Fluktuation der Erstarrungsfront und dadurch die Asymmetrie der erzeugten Strukturen zu reduzieren. Wie aus Bild 57 gefolgert, ist der Hauptgrund für die Formabweichung des nicht-periodischen Soll-Profils die Überstrukturierung von einzelnen Strukturelementen. Somit ist die Asymmetrie nicht der Haupteinflussfaktor auf die Formabweichung. Formabweichung, welche auf Überstrukturierung und nicht auf Asymmetrie basiert, kann somit vermutlich nicht durch die Anpassung der Scangeschwindigkeit reduziert werden.

Um den Einfluss der Anpassung der Scangeschwindigkeit auf die Strukturausbildung der nicht-periodischen Strukturen zu analysieren, wird exemplarisch der in Bild 62 dargestellte, gemittelte Profilquerschnitt betrachtet, der mit der zweiten Anpassung und einer minimale Scangeschwindigkeit von $v_{scan,min}$ = 15 mm/s erzeugt wurde. Zum Vergleich ist die ohne Anpassung erzeugte Referenzstruktur dargestellt.

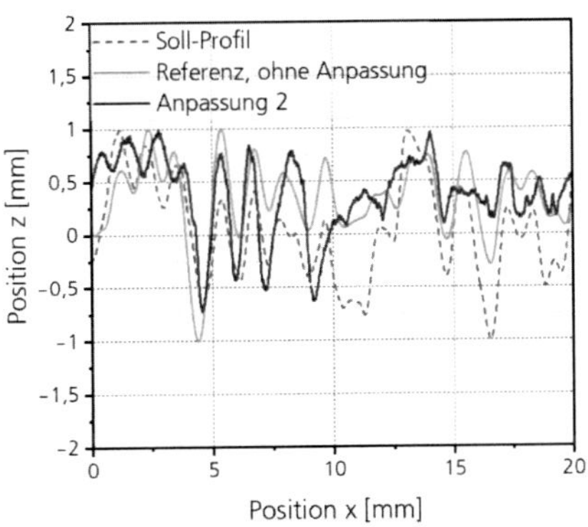

Bild 62: Normierter Profilquerschnitte der mit Anpassung 2 und $v_{scan,min}$ = 15 mm/s erzeugten nicht-periodischen, 1-dimensionalen Struktur und Referenzstruktur mit P_M = 119 W; $P_A = 0{,}75 \cdot P_{A,max}$; $P_{A,max}$ = 54 W; d_L = 250 µm; v_{scan} = 50 mm/s; dy = 62,5 µm; n = 1.

Beim Vergleich der Profilquerschnitte ist zu erkennen, dass die Überstrukturierung an der Position x = 4 durch die Anpassung im Vergleich zur Referenzstruktur reduziert wird, wodurch auch die Formabweichung an dieser Position reduziert wird. Die Scangeschwindigkeit und die Laserleistung werden bei der Strukturerzeugung an dieser Stelle reduziert. Wie in Kapitel 7.1.2 erläutert, haben eine sinkende Laserleistung und sinkende Scangeschwindigkeit einen konträren Effekt auf die Schmelzbadgröße. Die Anpassung der Scangeschwindigkeit kann an dieser Position somit vermutlich dem Abnehmen der Schmelzbadgröße entgegenwirken, wodurch die Überstrukturierung reduziert wird.

Im Bereich x = 5 – 10 mm des Profilquerschnitts werden durch die Anpassung größere Profilhöhenunterschiede zwischen den Strukturbergen und den Strukturtälern erzeugt als beim Referenzprofilquerschnitt. Auch das Strukturtal bei x = 10 – 12 mm entspricht im Profilquerschnitt der mit der Anpassung erzeugten Struktur in der Form nicht dem Soll-Profil. Statt eines Strukturtals wird an dieser Stelle ein Strukturberg gebildet. Der Grund dafür ist vermutlich, dass die Scangeschwindigkeit in diesem Bereich bei der Strukturerzeugung über 1 mm hinweg linear reduziert wird (vgl. Bild 60b). Diese stetige Reduzierung der Scangeschwindigkeit bewirkt vermutlich eine zusätzliche Modellierung des Schmelzbadvolumens, welches stetig vergrößert wird, wodurch ein Strukturberg erzeugt wird. Der Effekt der Scangeschwindigkeitsanpassung auf die Schmelzbadgröße ist an dieser Position somit vermutlich größer als der Effekt der Laserleistungsmodulation, was zu einer lokalen Vergrößerung der Formabweichung führt. Insgesamt ist der konträre Effekt von Laserleistungs- und Scangeschwindigkeitsmodulation auf die Schmelzbadgröße vermutlich zu komplex, um diesen beim Strukturieren des nicht-periodischen Soll-Profils durch die hier betrachteten Anpassungen der Scangeschwindigkeit abzubilden und die Formabweichung dadurch zu reduzieren.

Da die Anpassung der Scangeschwindigkeit nicht zu einer Reduzierung der Formabweichung führt, soll die Formabweichung beim Strukturieren durch die Adaption der Laserleistungsmodulation reduziert werden, indem Formel 7.1 und Formel 7.2 ein Kompensationsterm berechnet und zur Laserleistungsmodulation addiert wird. Die normierten Profilquerschnitte, der mit Kompensationsterm erzeugten Strukturen, sind in Bild 63a für drei verschiedene Gewichtungen des Kompensationsterm (A_Δ = 0; 1; 3), dargestellt. Die Gewichtung A_Δ = 0 entspricht dabei der ohne Kompensationsterm erzeugten Struktur. Die Formabweichung zwischen Soll-Profil und Profilquerschnitt der erzeugten Strukturen ist in Bild 63b in Abhängigkeit von A_Δ dargestellt. Dabei wird die Formabweichung sowohl für das gesamte Profil mit einer Länge von 20 mm als auch für die in Bild 63a markierten Abschnitte „Links“, „Mitte“ und „Rechts“, mit einer jeweiligen Länge von 6 mm, berechnet.

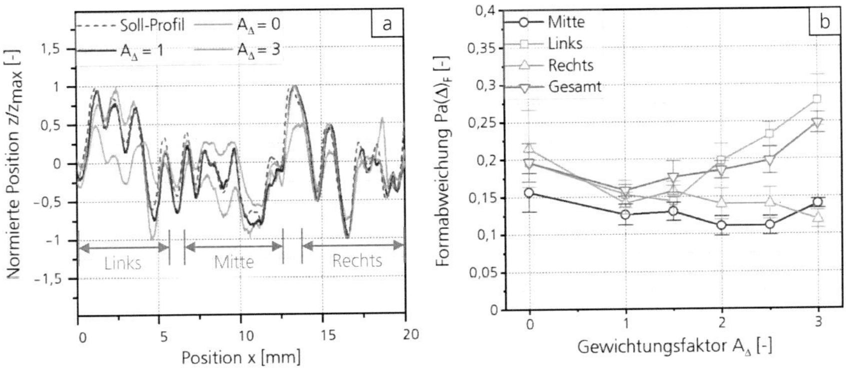

Bild 63a: Normierte Profilquerschnitte und b: Formabweichung der mit Kompensationsterm erzeugten nicht-periodischen Strukturen mit P_M = 119 W; $P_A = 0{,}75{*}P_{A,max}$; $P_{A,max}$ = 54 W; d_L = 250 µm; v_{scan} = 50 mm/s; dy = 62,5 µm; n = 1.

Die für den gesamten Profilquerschnitt berechnete Formabweichung kann durch das Strukturieren mit Kompensationsterm und einem Gewichtungsfaktor von $A_\Delta = 1$ von $Pa(\Delta)_F = 0{,}19$ auf $Pa(\Delta)_F = 0{,}14$ reduziert werden und entspricht damit der Formabweichung, welche bei mehrfachen Belichtungen erreicht wird. Bei steigendem Gewichtungsfaktor steigt die Formabweichung bis $Pa(\Delta)_F = 0{,}28$ bei $A_\Delta = 3$. Grund dafür ist vor allem der linke Abschnitt des Profils, in welchem die Struktur sichtbar unterstrukturiert wird. Obwohl die Formabweichung des gesamten Profilquerschnitts mit $A_\Delta = 3$ vergleichsweise groß ist, wird für den rechten Abschnitt des Profilquerschnitts die kleinste Formabweichung erreicht. In diesem Abschnitt befinden sich mehrere Strukturelemente mit kleinen Strukturwellenlängen von $\lambda < 0{,}5$ mm, wie z.B. an den Positionen x = 17,5 mm oder x = 19 mm. Diese Strukturelemente werden mit $A_\Delta = 3$ mit größerer Übereinstimmung strukturiert.

Grundsätzlich wird die kleinste Formabweichung in den verschiedenen Abschnitten des Profilquerschnitts bei unterschiedlichen Gewichtungsfaktoren erreicht. So wird diese für den linken Abschnitt bei $A_\Delta = 1$, für den mittleren Abschnitt bei $A_\Delta = 2{,}5$ und für den rechten Abschnitt bei $A_\Delta = 3$ erreicht. Für die größtmögliche Reduzierung der Formabweichung des gesamten Profilquerschnitts sollte der Kompensationsterm somit nicht mit einem konstanten Gewichtungsfaktor, sondern einem lokal angepassten Gewichtungsfaktor multipliziert werden.

Zwischenfazit zum Strukturieren von 1-dimensionalen, nicht-periodischen Strukturen

Aus den Untersuchungen zum Strukturieren von nicht-periodischen, 1-dimensionalen Strukturen ergeben sich im untersuchten Verfahrensparameterraum folgende Erkenntnisse:

- Beim Strukturieren mittels Integrationsansatz wird im Vergleich zum konventionellen Ansatz eine um 53 % kleinere Formabweichung erzielt. Die erzeugte Struktur stimmt somit eher mit der Ableitung der Laserleistungsmodulation überein. Die Strukturausbildung hängt für das untersuchte, nicht-periodische Soll-Profil somit mit der Änderung der Laserleistung zusammen. Damit kann die von Temmler und Pirch [Tem20a, Tem20c] beschriebene Theorie zur Strukturausbildung, nach der die Änderung der Schmelzbadgeometrie direkt mit der Änderung des Schmelzbadvolumens und damit mit der Änderung der Laserleistung zusammenhängt, auch für die hier untersuchte nicht-periodische Struktur experimentell bestätigt werden.

- Die Formabweichung ist abhängig vom Laserleistungsamplitudenverhältnis und der Anzahl an Belichtungen. Für mehrere Belichtungen ($n \geq 2$) und kleine Laserleistungsamplitudenverhältnisse ($P_A/P_{A,max} \leq 0{,}5$) werden tendenziell kleine Formabweichungen erreicht. Bei einer Belichtung und einem Laserleistungsamplitudenverhältnis von $P_A/P_{A,max} > 0{,}75$ wird die Struktur überstrukturiert. Die kleinste Formabweichung von $Pa(\Delta)_F = 0{,}14$ wird für zwei Belichtungen und $P_A/P_{A,max} = 0{,}5$ erreicht.

- Anders als bei 1-dimensionalen, periodischen Strukturen führt die Modulation der Scangeschwindigkeit bei dem hier untersuchten nicht-periodischen Soll-Profil nicht zu einer Reduzierung, sondern zu einer Steigerung der Formabweichung um bis zu 43 %. Der konträre Effekt von Laserleistungs- und Scangeschwindigkeitsmodulation auf die Schmelzbadgröße ist vermutlich zu komplex, um diese durch die Anpassungen der Scangeschwindigkeit abzubilden und die Formabweichung dadurch zu reduzieren.

- Durch die Anpassung der Laserleistungsmodulation mittels Kompensationsterm wird die Formabweichung beim Strukturieren mit einer Belichtung von $Pa(\Delta)_F = 0{,}19$ auf $Pa(\Delta)_F = 0{,}14$ reduziert. Diese entspricht damit der Formabweichung, welche bei mehrfachen Belichtungen erreicht wird. Für das Destrukturieren von Welligkeiten auf laserpolierten PBF Oberflächen ist diese Adaption jedoch nicht anwendbar, da die Differenzstruktur nicht bestimmt werden kann.

7.2 Strukturieren von 2-dimensionalen Strukturen

Für das Strukturieren von 2-dimensionalen Strukturen erfolgt eine Strukturierung sowohl in x-Richtung als auch in y-Richtung. Die Strukturausbildung in beiden Richtungen ist jedoch grundsätzlich verschieden, da die Scanrichtung stets entweder parallel zur x- oder y-Richtung liegt und damit senkrecht zur anderen Richtung. Das Wirkprinzip des laserbasierten Umschmelzstrukturierens führt über die Modulation der Laserleistung zu einer Strukturausbildung entlang der Scanrichtung. In Kapitel 7.1 wird gezeigt, dass die erzeugte Struktur in dieser Richtung für Strukturwellenlängen von 1 mm≤ λ < 2 mm teilweise und für $\lambda \geq 2$ mm weitgehend der Ableitung der Laserleistungsmodulation entspricht. Die Strukturausbildung senkrecht zur Scanrichtung resultiert nicht direkt aus der Modulation der Laserleistung, sondern durch die, durch den Spurabstand definierte, teilweise Überlagerung der Einzelspuren.

Für die Erzeugung von Testfeldern mit 1-dimensionalen Strukturen wird dieselbe Laserleistungsmodulation für alle Einzelspuren, die jeweils einen Spurabstand dy nebeneinander liegen, verwendet. Für die Erzeugung von 2-dimensionalen Strukturen wird die Laserleistungsmodulation nach einer definierten Anzahl von Einzelspuren verändert.

7.2.1 Strukturieren von periodischen, 2-dimensionalen Strukturen

Im Folgenden wird das Strukturieren von 2-dimensionalen, periodischen Strukturen untersucht. In grundlegenden Untersuchungen wird ermittelt, ob und wie die Strukturausbildung senkrecht zur Scanrichtung die Strukturausbildung in x-Richtung beeinflusst, welche minimalen Strukturwellenlängen senkrecht zur Scanrichtung erzeugt werden können und welche Strukturform diese aufweisen.

Temmler et al. [Tem09, Tem11, Tem12] zeigen, dass durch eine sinusförmige Laserleistungsmodulation in x- und y-Richtung die in Bild 8a dargestellte Noppenstruktur erzeugt werden kann. Diese Struktur weist eine sinusförmige Struktur in x- und y-Richtung auf. Temmler et al. zeigen somit, dass eine mathematisch stetige und differenzierbare Funktion als 2-dimensionale Struktur in x – und y-Richtung erzeugt werden kann. Ausgehend von Temmlers Versuchen wird eine weitere periodische, 2-dimensionale Strukturen erzeugt. Für diese Untersuchungen wird die in Bild 64 dargestellten Laserleistungsmodulation verwendet. In x-Richtung ist diese Laserleistungsmodulation dabei wie bei Temmler et. al sinusförmig. In y-Richtung wird eine Rechteckform vorgegeben, welche nicht stetig und nicht stetig differenzierbar ist und bereits in Kapitel 7.1.1 untersucht wird. Die Scanrichtung ist in allen Versuchen parallel zur x-Richtung.

Bild 64: Laserleistungsmodulationen zur Erzeugung einer periodischen, 2-dimensionalen Struktur.

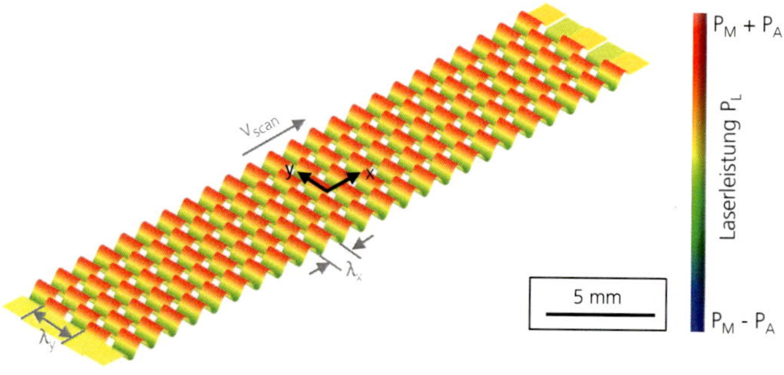

Zunächst wird untersucht, ob die Strukturausbildung in y-Richtung die Strukturausbildung in x-Richtung beeinflusst. Dazu wird die Strukturwellenlänge in y-Richtung für verschiedene Strukturwellenlängen λ_x = 0,5 mm; 1 mm und 2 mm in den fünf Stufen λ_y = 0,25 mm; 0,5 mm; 1 mm; 2mm und 3 mm variiert. In Bild 65 ist der Mittelwert der Formabweichung der Profilquerschnitte in x-Richtung für alle Strukturwellenlängenkombinationen dargestellt. Die Positionen, an der die jeweiligen Profilquerschnitte aus der Oberflächentopografie der erzeugten Struktur extrahiert werden, sind in Bild 108 in Anhang 13.4 dargestellt.

Bild 65: Formabweichung der Profilquerschnitte der in x-Richtung erzeugten Strukturen mit $P_A/P_{A,max}$ = 0,75; P_M = 119 W; $P_{A,max}$ = 54 W; d_L = 250 µm; v_{scan} = 50 mm/s; dy = 62,5 µm; n = 1.

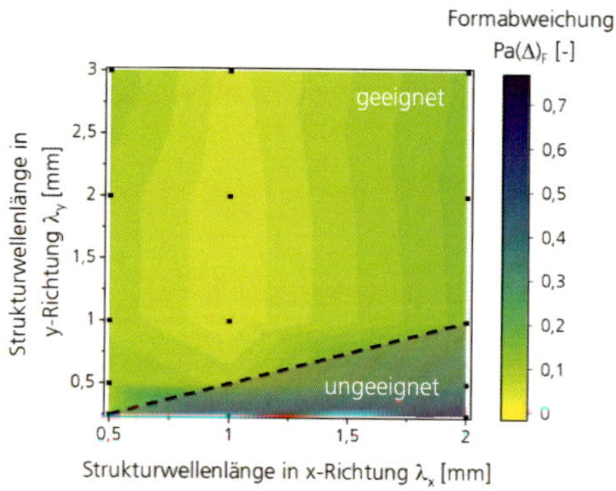

Anhand der Formabweichung erfolgt eine qualitative Einteilung des untersuchten Verfahrensparameterbereichs anhand des Strukturwellenlängenverhältnisses in die zwei Bereiche „geeignet" und „ungeeignet". Für ein Strukturwellenlängenverhältnis im Bereich „ungeeignet" gilt die Bedingung in Formel 7.4 nicht. Für die untersuchte Struktur weisen die Profilquerschnitte in x-Richtung in diesem

Bereich eine deutlich größere Formabweichung auf als für andere untersuchte Strukturwellenlängenverhältnisse. Der Prozess ist im untersuchten Verfahrensparameterraum somit nur für Strukturwellenlängenverhältnisse „geeignet", welche die Bedingung in Formel 7.4 erfüllen.

Formel 7.4

$$\frac{\lambda_y}{\lambda_x} \geq 0{,}5$$

λ_y: Strukturwellenlänge in y-Richtung
λ_x: Strukturwellenlänge in x-Richtung

Der Grund für die große Formabweichung im „ungeeignetem" Bereich ist aus der Betrachtung der Profilquerschnitte ersichtlich. In Bild 66a sind die Profilquerschnitte in x-Richtung für λ_x = 0,5 mm und in Bild 66b für λ_x = 2 mm dargestellt.

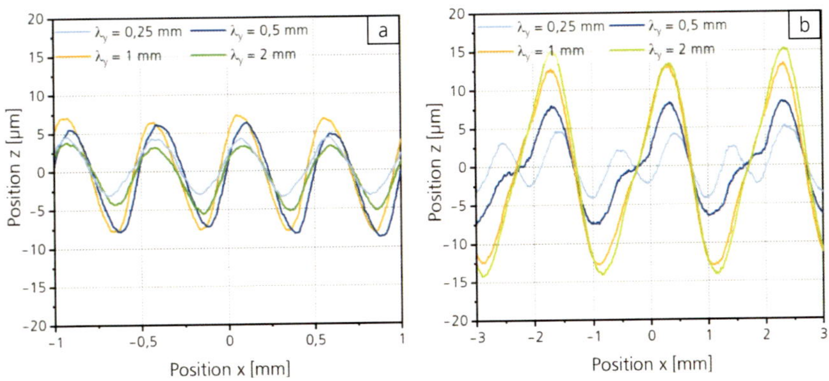

Bild 66: Profilquerschnitte in x-Richtung mit einer Strukturwellenlänge von a: λ_x = 0,5 mm und b: λ_x = 2 mm mit $P_A/P_{A,max}$ = 0,75; P_M = 119 W; $P_{A,max}$ = 54 W; d_L = 250 µm; v_{scan} = 50 mm/s; dy = 62,5 µm; n = 1.

Alle in Bild 66a dargestellten Profilquerschnitte mit der Strukturwellenlänge von λ_x = 0,5 mm liegen im „geeigneten" Bereich. Die Variation von λ_y hat in diesem Bereich nur einen kleinen Einfluss auf die Form der Profilquerschnitte in x-Richtung. Von den in Bild 66b dargestellten Profilquerschnitten mit der Strukturwellenlänge von λ_x = 2 mm liegen zwei (λ_y = 1 mm; λ_y = 2 mm, siehe Bild 67) im „geeigneten" und zwei (λ_y = 0,25 mm; λ_y = 0,5 mm) im „ungeeigneten" Bereich. Der Profilquerschnitt der Struktur mit λ_y = 0,5 mm im „ungeeigneten" Bereich weist dabei eine Formabweichung in Form eines Sattelpunktes auf, während der Profilquerschnitt der Struktur mit λ_y = 0,25 mm eine große Abweichung der Strukturwellenlänge zeigt. Statt der vorgegebenen Strukturwellenlänge von λ_x = 2 mm weist die erzeugte Struktur im Profilquerschnitt eine Strukturwellenlänge von ungefähr λ_x = 1 mm auf. Diese Abweichungen sind der Grund für die große Formabweichung. Der Grund für die in den Profilquerschnitten sichtbaren Sattelpunkte bzw. der Abweichung der Strukturwellenlänge ist mit Betrachtung der Oberflächentopografien erklärbar.

Bild 67: Fotografie der erzeugten Strukturen mit einer Strukturwellenlänge in x-Richtung von λ_x = 2 mm mit einer Strukturwellenlänge in y-Richtung von oben: λ_y = 1 mm und unten: λ_y = 2 mm mit $P_A/P_{A,max}$ = 0,75; P_M = 119 W; $P_{A,max}$ = 54 W; d_L = 250 µm; v_{scan} = 50 mm/s; dy = 62,5 µm; n = 1.

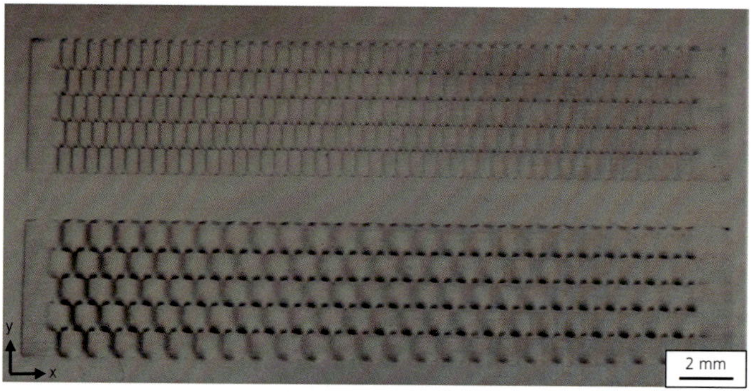

In Bild 68a ist die Oberflächentopografie einer Struktur (λ_x = 2 mm; λ_y = 1 mm) aus dem „geeigneten" Bereich und in Bild 68b die einer Struktur (λ_x = 2 mm; λ_y = 0,25 mm) aus dem „ungeeigneten" Bereich dargestellt. Die gestrichelten weißen Linien zeigen, an welchen Positionen die Profilquerschnitte in x-Richtung extrahiert werden. Zudem sind die Scanrichtung mit der Scangeschwindigkeit v_{scan} und die Strukturierungsrichtung in y-Richtung mit der Geschwindigkeit $v_{Prozess}$ markiert.

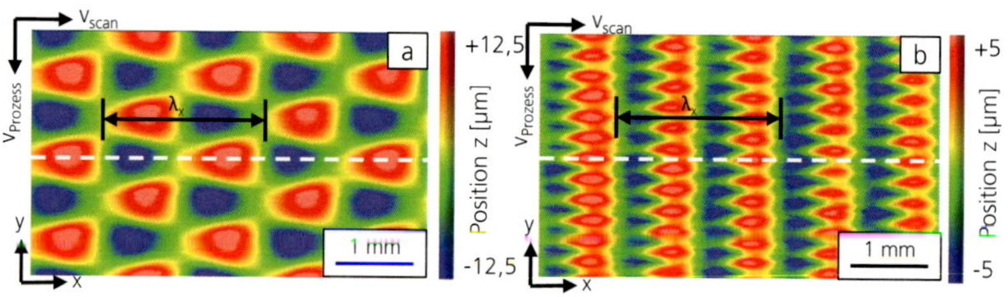

Bild 68: Oberflächentopografie der erzeugten Strukturen mit einer Strukturwellenlänge in x-Richtung von λ_x = 2 mm mit einer Strukturwellenlänge in y-Richtung von a: λ_y = 1 mm und b: λ_y = 0,25 mm mit $P_A/P_{A,max}$ = 0,75; P_M = 119 W; $P_{A,max}$ = 54 W; d_L = 250 µm; v_{scan} = 50 mm/s; dy = 62,5 µm; n = 1.

Im „geeigneten“ Bereich in Bild 68a ist die vorgegebene Strukturwellenlänge in x- und in y-Richtung, bestehend aus jeweils einem Strukturberg und einem Strukturtal, zu erkennen. Abweichend von der Form der Laserleistungsmodulation ist die Strukturbreite in y-Richtung nicht konstant, sondern abhängig von der Strukturausbildung in x-Richtung. Die größte Strukturbreite in y-Richtung wird erreicht, wenn in x-Richtung der Übergang von Strukturberg zu Strukturtal erfolgt. Die kleinste Strukturbreite in y-Richtung wird erreicht, wenn in x-Richtung der Übergang von Strukturtal zu Strukturberg erfolgt. Grund dafür ist Änderung des Schmelzbadvolumens und die damit verbundene Änderung der Schmelzbadgeometrie. Wie von Temmler [Tem12] für sinusförmige Strukturen mit einer Strukturwellenlänge von $\lambda = 1$ mm modelltheoretisch gezeigt, gleicht die Änderung des Schmelzbadvolumens und auch der Schmelzbadbreite der Laserleistungsmodulation. An der Position der maximalen Laserleistung (Übergang von Strukturberg zu Strukturtal) wird somit das größte Schmelzbadvolumen und die größte Schmelzbadbreite erreicht und an der Position kleinster Laserleistung (Übergang von Strukturtal zu Strukturberg) das kleinste Schmelzbadvolumen und die kleinste Strukturbreite.

Im „ungeeigneten“ Bereich in Bild 68b ist die vorgegebene Strukturwellenlänge weder in x- noch in y-Richtung so deutlich zu erkennen wie im „geeigneten“ Bereich. Die Strukturberge sind in x-Richtung kürzer als die halbe vorgegebene Strukturwellenlänge. Die Strukturtäler in x-Richtung werden von den Strukturbergen der angrenzenden Spuren überlagert. Durch diese Überlagerung entsteht bei der Betrachtung des Profilquerschnitts in Bild 66b der Eindruck, dass die erzeugte Strukturwellenlänge der halben vorgegebenen Strukturwellenlänge entspricht. Ausschließlich in der ersten und letzten Spur des Testfelds wird, wie in Bild 69 zu erkennen, eine einzelne Spur mit der vorgegebenen Strukturwellenlänge erzeugt, da diese Spuren nur auf einer Seite von einer angrenzenden Struktur überlagert werden.

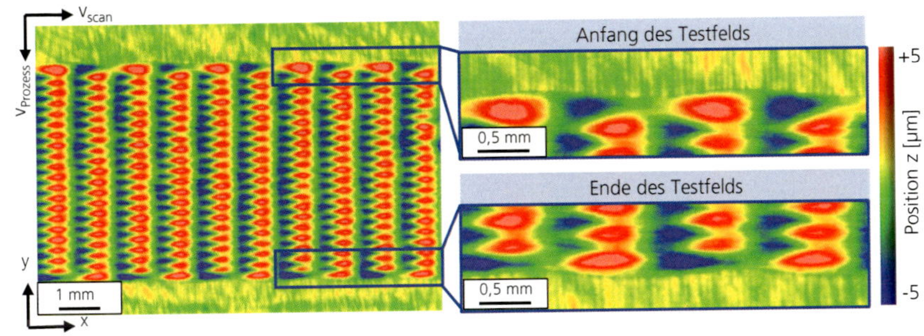

Bild 69: Oberflächentopografie mit vergrößerter Darstellung von Anfangs und Endes des Testfelds mit einer Strukturwellenlänge in x-Richtung von $\lambda_x = 2$ mm mit einer Strukturwellenlänge in y-Richtung von $\lambda_y = 0{,}25$ mm mit $P_A/P_{A,max} = 0{,}75$; $P_M = 119$ W; $P_{A,max} = 54$ W; $d_L = 250$ µm; $v_{scan} = 50$ mm/s; dy = 62,5 µm; n = 1.

Im Folgenden wird die Strukturausbildung in y-Richtung betrachtet. Mit der in Bild 64 dargestellten Laserleistungsmodulation wird in y-Richtung ein rechteckförmiger Profilquerschnitt erwartet. In Bild 70 sind die Profilquerschnitte in y-Richtung für die Strukturwellenlängen λ_y = 0,25 mm; 0,5 mm; 1 mm und 2 mm dargestellt.

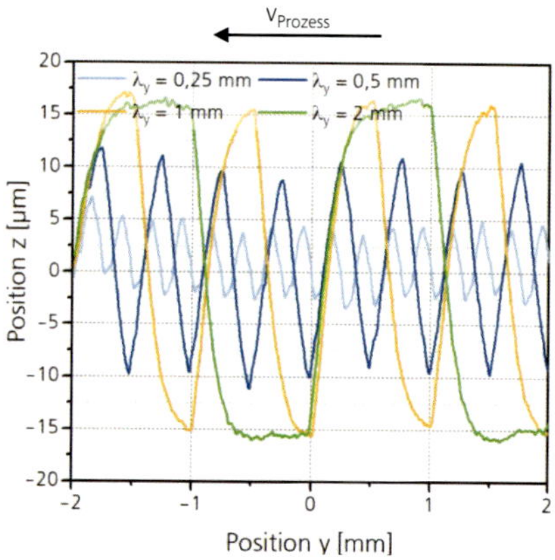

Bild 70: Profilquerschnitte in y-Richtung mit λ_x = 1 mm; $P_A/P_{A,max}$ = 0,75; P_M = 119 W; $P_{A,max}$ = 54 W; d_L = 250 µm; v_{scan} = 50 mm/s; dy = 62,5 µm; n = 1.

Die Form der in y-Richtung erzeugten Struktur ist abhängig von der Strukturwellenlänge λ_y. Für kleine Strukturwellenlängen von λ_y = 0,25 mm und 0,5 mm wird in y-Richtung eine dreieckförmige Struktur erzeugt. Mit einer Strukturwellenlänge λ_y = 1 mm wird eine einseitig verrundete, dreieckförmige Struktur erzeugt. Mit λ_y = 2 mm ähnelt die erzeugte Struktur einer verrundeten, rechteckförmigen Struktur. Die Profilhöhe der mit λ_y = 0,25 mm und λ_y = 0,5 mm erzeugten Strukturen ist zudem kleiner als für größere Strukturwellenlängen.

Für das Strukturieren der periodischen, 2-dimensionalen Struktur werden insgesamt zwei verschiedene Laserleistungsmodulationen verwendet. Die erste Laserleistungsmodulation ist sinusförmig und die zweite Laserleistungsmodulation ist die inverse Laserleistungsmodulation der ersten Laserleistungsmodulation. Nach einer definierten Anzahl von Bearbeitungsspuren wird von der einen auf die andere Laserleistungsmodulationen gewechselt. Die Anzahl der Bearbeitungsspuren ist dabei abhängig von der Strukturwellenlänge in y-Richtung und dem Spurabstand. Für λ_y = 0,25 mm erfolgt der Wechsel der Laserleistungsmodulation bei dem Spurabstand von dy = 62,5 µm beispielsweise alle vier Bearbeitungsspuren. Wie an den Profilquerschnitten in y-Richtung in Bild 70 zu erkennen, erfolgt mit dem Wechsel der Laserleistungsmodulation kein abrupter Strukturwechsel in y-Richtung. Stattdessen wird immer eine definierte Strecke benötigt, bis die neue Struktur ausgebildet wird. Insbesondere an der Position y = 0 in Bild 70 ist zu erkennen, dass die Steigung der steigenden Flanke der Strukturberge für alle Strukturwellenlängen λ_y sehr ähnlich ist. Die Ausbildung der inversen Sinusstruktur (Soll-Struktur der zweiten, inversen Laserleistungsmodulation) beginnt erst nach einer Strecke von ca. 0,5 mm. Grund dafür ist vermutlich, dass die Spurbreite einer erzeugten Bearbeitungsspur in etwa der Größe des Laserstrahldurchmessers, also ca. 250 µm, entspricht. Bei einem Spurabstand von dy = 62,5 µm werden nach einem Wechsel der Laserleistungsmodulation die ersten zwei bis drei Bearbeitungspuren auf einer bereits teilweise mit der inversen Struktur vorstrukturieren Fläche ausgeführt. Diese Vorstrukturierung beeinflusst dabei die Strukturausbildung, sodass die inverse Struktur nicht abrupt mit Wechsel der Laserleistungsmodulation ausgebildet wird. Ein Profilquerschnitt in y-Richtung, welcher näherungsweise dem rechteckförmigen Soll-Profil entspricht, wird bei den verwendeten Verfahrensparametern erst ab einer Strukturwellenlänge von $\lambda_y = 2$ mm erzeugt.

Zwischenfazit zum Strukturieren von 2-dimensionalen, periodischen Strukturen

Aus den durchgeführten Versuchen ergeben sich für den untersuchten Verfahrensparameterraum somit folgende Erkenntnisse für das Strukturieren von 2-dimensionalen, periodischen Strukturen:

- Durch die Strukturausbildung senkrecht zur Scanrichtung (y-Richtung) wird die Strukturausbildung parallel zur Scanrichtung (x-Richtung) bei der untersuchten Struktur beeinflusst, wenn die Strukturwellenlänge in y-Richtung kleiner ist als die halbe Strukturwellenlänge in x-Richtung. In diesem Fall werden die Strukturtäler in x-Richtung von den Strukturbergen der angrenzenden Spuren überlagert. Durch diese Überlagerung entsteht der Eindruck, dass die erzeugte Strukturwellenlänge der halben vorgegebenen Strukturwellenlänge entspricht. Senkrecht zur Scanrichtung sollten daher ausschließlich Strukturen mit Strukturwellenlängen erzeugt werden, welche mindestens der halben Strukturwellenlänge der Struktur parallel zur Scanrichtung entsprechen.

- Mit dem Wechsel der Laserleistungsmodulation erfolgt für die hier strukturierte Struktur kein abrupter Strukturwechsel in y-Richtung. Stattdessen wird immer eine Strecke von ca. 0,5 mm benötigt, bis die neue Struktur ausgebildet wird. Grund dafür ist, dass nach einem Wechsel der Laserleistungsmodulation die ersten zwei bis drei Bearbeitungspuren auf einer bereits teilweise mit der inversen Struktur vorstrukturieren Fläche ausgeführt werden. Diese Vorstrukturierung beeinflusst dabei die Strukturausbildung. Die Strukturform in y-Richtung entspricht ab einer Strukturwellenlänge von $\lambda_y = 2$ mm näherungsweise der erwarteten Soll-Struktur.

7.2.2 Strukturieren von nicht-periodischen, 2-dimensionalen Strukturen

Ziel ist, im Folgenden die nicht-periodische, 2-dimensionale Soll-Struktur aus Bild 28 mit möglichst kleiner Strukturabweichung zu erzeugen.[13] Die Soll-Struktur besteht zu einem Großteil aus Strukturelementen, die in x- und y-Richtung ähnliche Strukturwellenlängen aufweisen. Die Strukturausbildung in Scanrichtung wird somit voraussichtlich nicht durch die Strukturausbildung senkrecht zur Scanrichtung beeinflusst. Die einzelnen Strukturelemente weisen zudem größtenteils Strukturwellenlängen von $\lambda > 2$ mm auf. Basierend auf den Erkenntnissen aus Kapitel 7.1 wird für Strukturwellenlängen von $\lambda > 2$ mm erwartet, dass die Strukturausbildung entlang der Scanrichtung in erster Näherung nach dem Integrationsansatz erfolgt. Nach Kapitel 7.2.1 erfolgt die Strukturausbildung senkrecht zur Scanrichtung durch die teilweise Überlagerung der Einzelspuren. Ab Strukturwellenlängen von $\lambda > 2$ mm entspricht die erzeugte näherungsweise der Form der vorgegebenen Soll-Struktur.

Unter Berücksichtigung dieser Erkenntnisse wird für die Berechnung der Laserleistungsmodulation für 2-dimensionale, nicht-periodische Strukturen ein Algorithmus entwickelt. Dieser besteht aus drei Operationen. Ausgehend vom diskreten x,y,z-Datensatz der Oberflächentopografie (vgl. Bild 71, links oben) wird die Soll-Struktur zunächst in einzelne Bearbeitungsspuren im Abstand des Spurabstands in x-Richtung oder y-Richtung gesliced (vgl. Bild 71, rechts oben). Begonnen wird dabei, abhängig von der slice-Richtung am oberen oder linken Rand des Testfeldes. Eine Bearbeitungsspur enthält dabei soviele ganzzahlige, diskrete Datenpunkte, dass deren addierte Pixelbreite mindestens dem festgelegten Spurabstand entspricht. Übrige diskrete Datenpunkte am Ende bzw. am rechten Rand des Testfelds, deren addierte Pixelbreite kleiner ist als der festgelegte Spurabstand werden nicht in die Berechnung mit einbezogen. Nach dem Slicen werden die z-Werte der einzelnen Bearbeitungsspuren durch die Mittelung über einer definierten Breite b[14] senkrecht zur Slice-Richtung berechnet (vgl. Bild 71, unten). In der Testfeldmitte liegt die Bearbeitungsspur dabei stets in der Mitte der zu mittelnden Datenpunkte. Davon abweichend beginnen am Testfeldrand und am Testfeldende die Bearbeitungsspur und der Bereich der zu mittelnden Datenpunkte an der gleichen Position.

[13] Ein Teil der in diesem Kapitel vorgestellten experimentellen Untersuchungen wurde im Rahmen der von der Verfasserin betreuten Masterarbeit von *Ritgens* durchgeführt.

[14] Der Einfluss der Breite auf die mittlere Strukturhöhe ist als Funktion des Laserleistungsamplitudenverhältnisses im Anhang 13.5 dargestellt. Da die mittlere Strukturhöhe für alle untersuchten Spurbreiten im Rahmen der Standardabweichung liegt, wird die hier verwendete Breite auf b = 250 µm festgelegt, da diese dem Laserstrahldurchmesser entspricht.

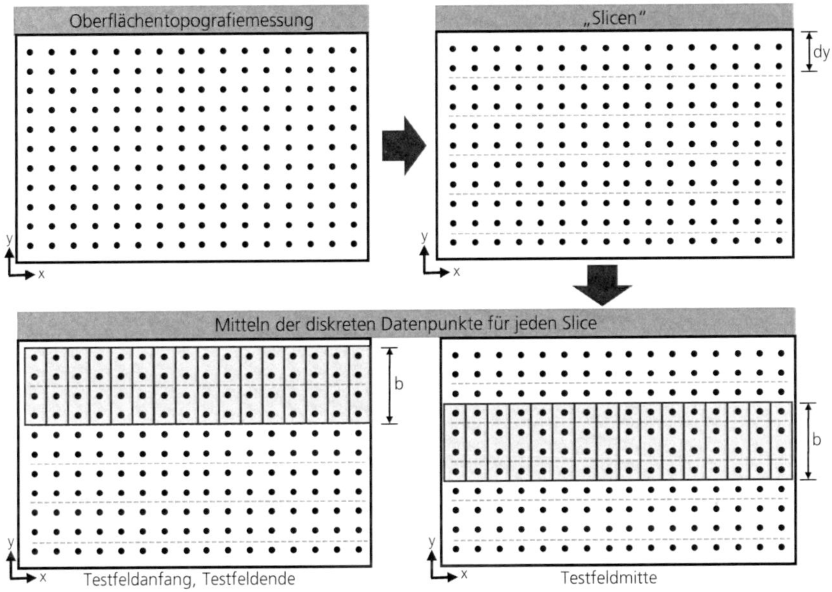

Bild 71: Schematische Darstellung des Slicens und der Mittelung als erster Schritt des Algorithmus zur Berechnung der Laserleistungsmodulation für das Strukturieren von 2-dimensionalen, nicht-periodischen Strukturen.

Als letzte Operation erfolgt nach dem Slicen und Mitteln die Berechnung der Laserleistungsmodulation basierend auf Formel 6.2 nach dem Integrationsansatz für jede der Bearbeitungsspuren. In Bild 72 ist der Algorithmus schematisch für die Berechnung der Laserleistungsmodulation der nicht-periodischen, 2-dimensionalen Soll-Struktur aus Bild 28 dargestellt.

Bild 72: Schematische Darstellung der Anwendung des Algorithmus für die Berechnung der Laserleistungsmodulation für das Strukturieren einer 2-dimensionalen, nicht-periodischen Struktur.

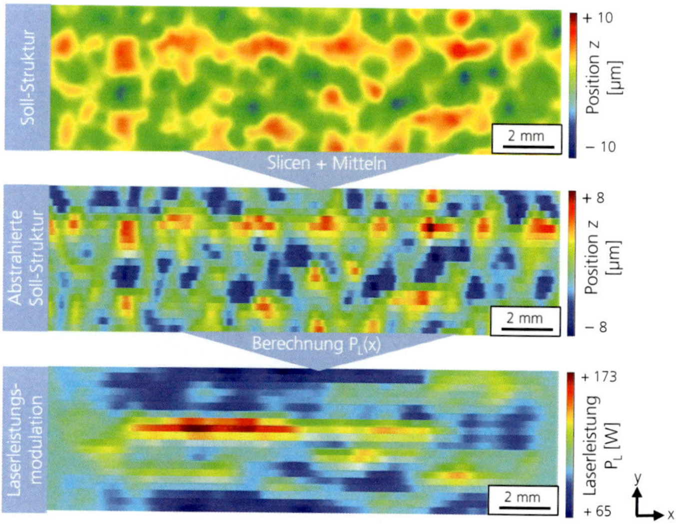

Einfluss von Laserleistungsamplitude und Anzahl der Belichtungen

Zunächst wird der Einfluss der Laserleistungsamplitude und der Anzahl der Belichtungen auf die mittlere Strukturhöhe und die Strukturabweichung der erzeugten Struktur untersucht. In Bild 73a ist die mittlere Strukturhöhe als Funktion des Laserleistungsamplitudenverhältnisses für eine verschiedene Anzahl an Belichtungen dargestellt. Die gestrichelte Linie stellt die mittlere Strukturhöhe der Soll-Struktur dar. Das Laserleistungsamplitudenverhältnis wird in fünf Stufen $P_A/P_{A,max}$ = 0,125; 0,25; 0,5; 0,75 und 1 variiert. Die Anzahl der Belichtungen wird in vier Stufen n = 1; 2; 4 und 8 variiert.

Wie nach den Ergebnissen für das Strukturieren der 1-dimensionalen, nicht-periodischen Strukturen in Kapitel 7.1.3 zu erwarten, kann der Zusammenhang zwischen mittlerer Strukturhöhe und Laserleistungsamplitude auch beim Strukturieren von 2-dimensionalen, nicht-periodischen Strukturen mit R^2 = 0,93 – 0,99 als linear betrachtet werden. Wie auch in Kapitel 7.1.3 beobachtet, nimmt die Steigung der Geraden mit steigender Anzahl an Belichtungen zu.

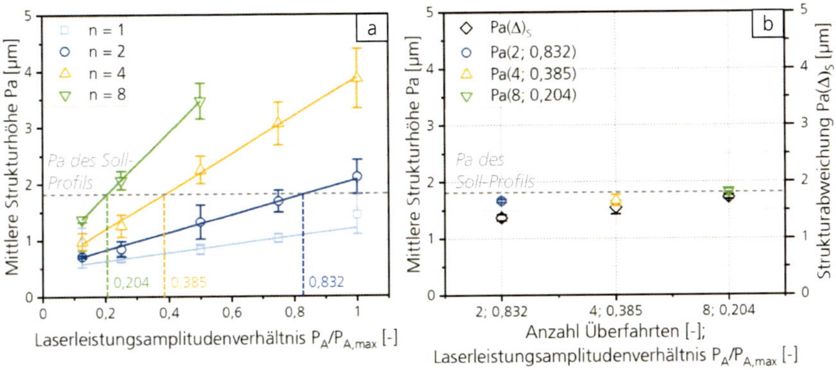

Bild 73a: Mittlere Strukturhöhe der mittels Integrationsansatz erzeugten 2-dimensionalen, nicht-periodischen Strukturen und b: Mittlere Strukturhöhe und Strukturabweichung der mit den Verfahrensparameterkombinationen erzeugten Strukturen, mit welchen die Strukturhöhe der Soll-Struktur erreicht wird mit d_L = 250 µm; P_M = 119 W; $P_{A,max}$ = 54 W; dy = 62,5 µm; v_{scan} = 50 mm/s.

Aus den Messdaten aus Bild 73a werden mit einem linearen Fit nach Formel 7.3 die in Tabelle 9 dargestellten Werte für die Steigung und den Schnittpunkt mit der y-Achse[15] bestimmt. Basierend darauf werden die Laserleistungsamplitudenverhältnisse berechnet, bei welchen die mittlere Strukturhöhe der Soll-Struktur entspricht. Diese Laserleistungsamplitudenverhältnisse sind in Bild 73a markiert. Für eine Belichtung wird bei keinem Laserleistungsamplitudenverhältnis die mittlere Strukturhöhe der Soll-Struktur erreicht, sodass hier kein Wert berechnet werden kann.

Tabelle 9: Steigung und Schnittpunkt mit der y-Achse zur Beschreibung der Abhängigkeit der mittleren Strukturhöhe und Laserleistungsamplitudenverhältnis in Form einer Geradengleichung für verschiedene Anzahl an Belichtungen.

Anzahl Belichtungen n [-]	**Steigung m [µm]**	**Schnittpunkt mit der y-Achse Pa_0 [µm]**
1	0,72	0,49
2	1,57	0,51
4	3,37	0,52
8	5,58	0,68

[15] Siehe Fußnote 12

Die mittlere Strukturhöhe und die Strukturabweichung der mit den bestimmten Laserleistungsamplitudenverhältnissen erzeugten Strukturen sind in Bild 73b dargestellt. Die gestrichelte Linie stellt die mittlere Strukturhöhe der Soll-Struktur dar. Die mittleren Strukturhöhen der erzeugten Strukturen sind ähnlich zur mittleren Strukturhöhe der Soll-Struktur. Die größte Abweichung in der Strukturhöhe von 0,16 µm zeigt die mit n = 2 und $P_A/P_{A,max}$ = 0,835 erzeugte Struktur mit Pa = 1,66 µm. Die Strukturabweichung steigt mit einer größeren Anzahl an Belichtungen und beträgt $P_A(\Delta)_S$ = 1,38 µm für n = 4 und $P_A/P_{A,max}$ = 0,385 und $P_A(\Delta)_S$ = 1,72 µm für n = 8 und $P_A/P_{A,max}$ = 0,204. Die Strukturabweichung liegt in der Größenordnung der Strukturhöhe.

Einfluss der Bearbeitungsrichtung

Die bisher analysierten Strukturen werden durch Belichtungen mit derselben Bearbeitungsrichtung erzeugt. Das Umschmelzstrukturieren ist ein Verfahren, das auf der Umverteilung von Material basiert. Für das Erzeugen einer Struktur ohne oder mit sehr kleiner Strukturabweichung muss das Wegintegral entlang einer Bearbeitungsspur Null sein, da kein Material hinzugefügt oder entfernt wird. Innerhalb der Soll-Struktur existieren jedoch einzelne Bearbeitungsspuren, die überwiegend aus Strukturbergen bzw. -tälern bestehen. Beim Strukturieren mit nur einer Bearbeitungsrichtung liegt für diese Bearbeitungsspuren ein Materialüberschuss bzw. -defizit vor. Durch die Belichtung aus zwei Bearbeitungsrichtungen kann der Materialüberschuss bzw. das Materialdefizit über die gesamte Testfeldfläche ausgeglichen werden.

Im Folgenden wird daher der Einfluss der Bearbeitungsrichtung auf die Strukturausbildung und die Strukturabweichung untersucht. In Bild 74 ist schematisch dargestellt, wie die Bearbeitungsrichtung α in Bezug auf die strukturierten Testfelder definiert ist.

Bild 74: Schematische Darstellung der Bearbeitungsrichtung.

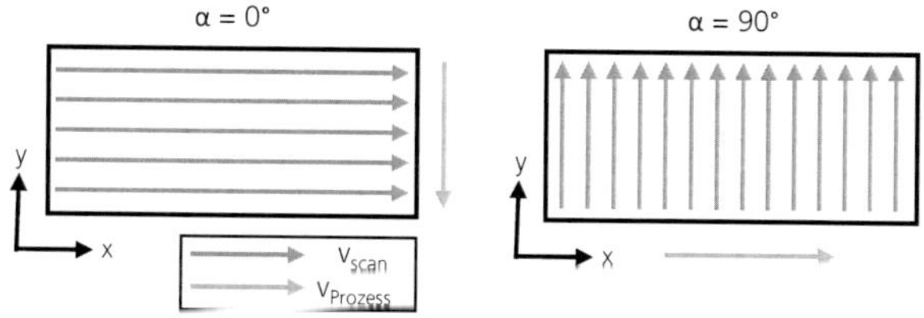

In Bild 75 sind die mittlere Strukturhöhe und die Strukturabweichung in Abhängigkeit der Bearbeitungsrichtung für die Strukturerzeugung mit vier Belichtungen dargestellt. Die gestrichelte Linie stellt die mittlere Strukturhöhe der Soll-Struktur dar.

Bild 75:
Mittlere Strukturhöhe und Strukturabweichung für die Variation der Bearbeitungsrichtung mit
$P_A/P_{A,max}$ = 0,385;
n = 4;
d_L = 250 µm;
P_M = 119 W;
$P_{A,max}$ = 54 W;
dy = 62,5 µm;
v_{scan} = 50 mm/s.

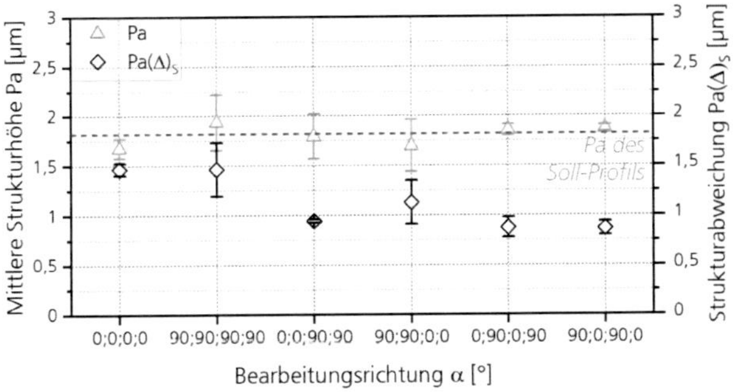

Die mittlere Strukturhöhe der erzeugten Strukturen ist unabhängig von der Bearbeitungsrichtung und entspricht im Rahmen der Standardabweichung der mittleren Strukturhöhe der Soll-Struktur. Die Bearbeitungsrichtung hat im Gegensatz dazu einen großen Einfluss auf die Strukturabweichung. Bei der vierfachen Belichtung aus nur einer Bearbeitungsrichtung (α = 0°; 0°; 0°; 0° und α = 90°; 90°; 90°; 90°) ist die Strukturabweichung mit $P_A(\Delta)_S$ = 1,46 µm und 1,47 µm größer als wenn die Bearbeitungsrichtung bei den einzelnen Belichtungen variiert wird (α = 0°; 0°; 90°; 90°; α = 0°; 0°; 90°; 90°; α = 0°; 90°; 0°; 90° und α = 90°; 0°; 90°; 0°). Die kleinsten Strukturabweichungen von $P_A(\Delta)_S$ = 0,87 µm und 0,88 µm werden erreicht, wenn die Bearbeitungsrichtung nach jeder Belichtung geändert wird.

Die unterschiedlichen Strukturabweichungen sind bei der Betrachtung der Oberflächentopografien der erzeugten Strukturen und deren Differenz-Strukturen erkennbar. In Bild 76 sind die Oberflächentopografien der Soll-Struktur und der erzeugten Strukturen mit den Bearbeitungsrichtungen α = 0°; 0°; 0°; 0°; α = 90°; 90°; 90°; 90° und α = 0°; 90°; 0°; 90° sowie die berechneten Differenz-Strukturen dargestellt.

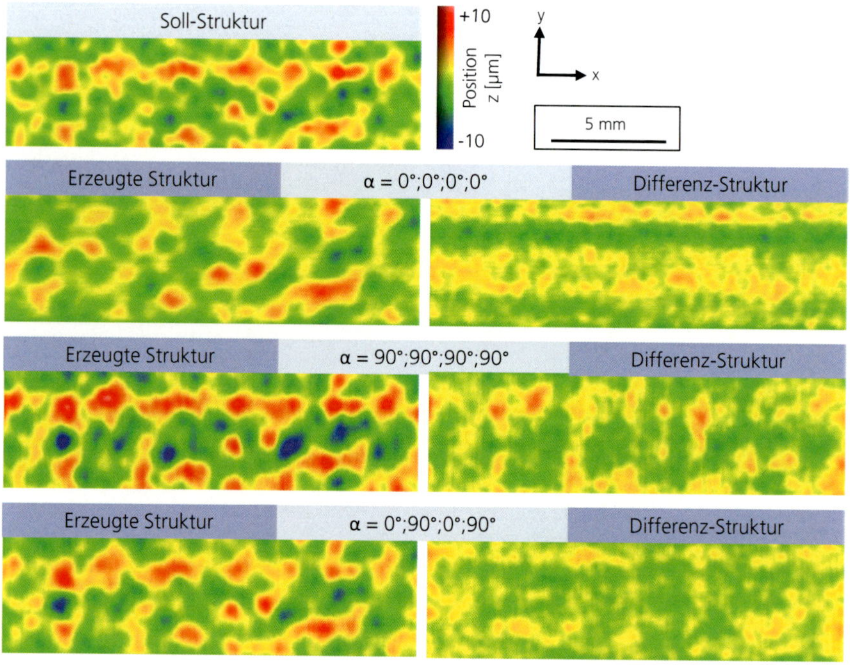

Bild 76: Oberflächentopografien der Soll-Struktur und der mit verschiedenen Bearbeitungsrichtungen erzeugten Strukturen sowie deren Differenz-Strukturen $P_A/P_{A,max} = 0{,}385$; $n = 4$; $d_L = 250$ µm; $P_M = 119$ W; $P_{A,max} = 54$ W; $dy = 62{,}5$ µm; $v_{scan} = 50$ mm/s.

Für eine detaillierte Analyse der einzelnen Strukturelemente werden die Differenz-Strukturen in eine Matrix aus 1 mm x 1 mm großen Einzelfeldern aufgeteilt. Für jedes Einzelfeld wird anschließend die Strukturabweichung bestimmt. In Bild 77 sind die Strukturabweichungen der Einzelfelder farblich codiert für die erzeugten Strukturen mit den Bearbeitungsrichtungen $\alpha = 0°; 0°; 0°; 0°$; $\alpha = 90°; 90°; 90°; 90°$ und $\alpha = 0°; 90°; 0°; 90°$ dargestellt. Als Referenz ist die Soll-Struktur mit eingezeichneter Matrix abgebildet.

Für eine Bearbeitungsrichtung von $\alpha = 0°; 0°; 0°; 0°$ wird insbesondere in Zeile $i = 2$ eine große Strukturabweichung von $P_A(\Delta)_S > 1$ µm bestimmt. Die Scanrichtung liegt für diese Bearbeitungsrichtung parallel zu den Zeilen. Wie an der Soll-Struktur zu erkennen ist, liegt in Zeile $i = 2$ ein großer Materialüberschuss vor, der ohne Variation der Bearbeitungsrichtung aufgrund des Wirkprinzips des Umschmelzstrukturierens nur mit großer Strukturabweichung und somit nur mit sehr geringer Übereinstimmung strukturiert werden kann. Für eine Bearbeitungsrichtung $\alpha = 90°; 90°; 90°; 90°$ wird eine große Strukturabweichung von $P_A(\Delta)_S > 1$ µm tendenziell entlang einzelner Spalten, wie z.B. entlang Spalte j = 3 oder j = 11 bestimmt. Da in diesem Fall parallel zu den Spalten und ausschließlich aus einer Bearbeitungsrichtung strukturiert wird, kann auch in diesem Fall das Material nicht ausreichend umverteilt werden.

Für die Bearbeitungsrichtung $\alpha = 0°; 90°; 0°; 90°$ werden insgesamt nur drei Einzelfelder mit einer großen Strukturabweichung von $P_A(\Delta)_S > 1$ µm bestimmt, während dies für $\alpha = 0°; 0°; 0°; 0°$ 19 Felder und $\alpha = 90°; 90°; 90°; 90°$ 33 Felder sind. Aufgrund der variierten Bearbeitungsrichtung kann das Material in zwei Richtungen umverteilt werden. Die Strukturabweichung ist dadurch insgesamt und auch für einen großen Teil der Einzelfelder deutlich kleiner. Zudem wechselt mit wechselnder Bearbeitungsrichtung auch der Beginn der Einzelspuren, sodass diese abwechselnd in Zeile j = 1 und Spalte i = 5 beginnen. Dadurch wird die Strukturabweichung in den zugehörigen Feldern reduziert.

Bild 77:
Soll-Struktur mit Matrixgitter und farblich codierten Strukturabweichungen der 1 mm x 1 mm großen Einzelfelder für die erzeugten Strukturen mit den Bearbeitungsrichtungen
α = 0; 0; 0; 0;
α = 90; 90; 90; 90
und α = 0; 90; 0; 90
mit $P_A/P_{A,max}$ = 0,385;
n = 4;
d_L = 250 µm;
P_M = 119 W;
$P_{A,max}$ = 54 W;
dy = 62,5 µm;
v_{scan} = 50 mm/s.

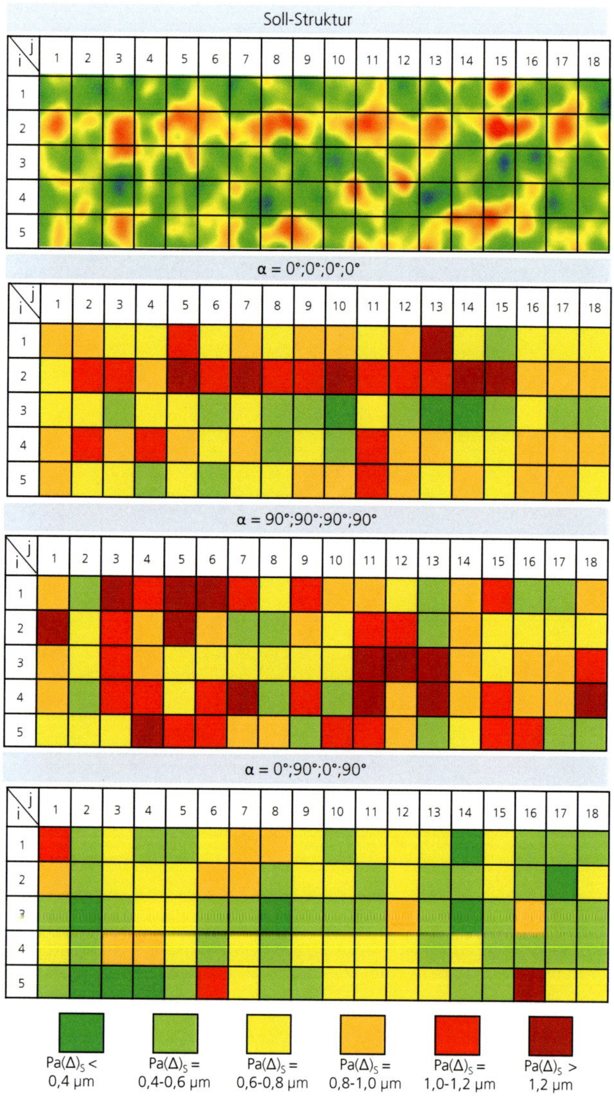

Fazit zum Strukturieren von nicht-periodischen, 2-dimenionalen Strukturen

Aus den Untersuchungen zum Strukturieren von nicht-periodischen, 2-dimensionalen Strukturen ergeben sich für den untersuchten Verfahrensparameterraum folgende Erkenntnisse:

- Der Zusammenhang zwischen mittlerer Strukturhöhe und Laserleistungsamplitude kann beim Strukturieren der 2-dimensionalen, nicht-periodischen Struktur als linear betrachtet werden. Mithilfe eines linearen Fits kann die Laserleistungsamplitude für n = 2 bis n = 8 berechnet werden, sodass die mittlere Profilhöhe des Soll-Profils erreicht wird.

- Die Bearbeitungsrichtung hat einen großen Einfluss auf die Strukturabweichung. Wenn die Bearbeitungsrichtung nach jeder Belichtung geändert wird, werden um bis zu 40 % kleinere Strukturabweichungen erzielt als ohne Änderung der Bearbeitungsrichtung. Ohne Änderung der Bearbeitungsrichtung erfolgt die Bearbeitung stets aus einer Richtung. Liegt in einer Bearbeitungsspur ein Materialüberschuss oder -defizit vor, können diese ohne Änderung der Bearbeitungsrichtung aufgrund des Wirkprinzips des Umschmelzstrukturierens nur mit großer Strukturabweichung strukturiert werden. Bei Änderung der Bearbeitungsrichtung kann das Material in zwei Richtungen umverteilt werden, wodurch die Strukturabweichung reduziert wird.

8 Laserbasiertes Destrukturieren mittels Integrationsansatz

Im folgenden Kapitel wird das Destrukturieren mittels Integrationsansatz für 1-dimensionale und 2-dimensionale periodische und nicht-periodische Strukturen untersucht. Ziel ist, das in Bild 28 unten dargestellte, 1-dimensionale Soll-Profil und die in Bild 28 oben dargestellte, 2-dimensionale Soll-Struktur zu Destrukturieren, sodass eine Reststruktur mit möglichst kleiner mittlerer Strukturhöhe auf der Oberfläche verbleibt.

8.1 Destrukturieren von 1-dimensionalen Strukturen

Prinzipiell handelt es sich beim Destrukturieren und Strukturieren um das gleiche Verfahren. Der wesentliche Unterschied ist, dass das Strukturieren auf ebenen Oberflächen erfolgt und das Destrukturieren auf Oberflächen, auf denen bereits eine Struktur vorhanden ist. Das Prinzip des Destrukturierens basiert, wie schematisch in Bild 27 dargestellt, darauf, die inverse Struktur der vorhandenen Welligkeit zu strukturieren und die Welligkeit durch "destruktive Überlagerung" zu destrukturieren. Aus den Untersuchungen von Oreshkin et al. [Ore15] ist bekannt, dass die Strukturhöhe sinusförmiger, symmetrischer Strukturen mit dem Strukturieren der inversen Struktur um bis zu 86 % reduziert werden kann.

Im Rahmen der Untersuchungen zum Destrukturieren von 1-dimensionalen Strukturen soll zunächst in grundlegenden Untersuchungen an periodischen Strukturen der Verfahrensparameterbereich bestimmt werden, in welchem mit dem Strukturieren der inversen Struktur effektiv destrukturiert werden kann. Über die Bestimmung der mittleren Strukturhöhe vor und nach dem Destrukturieren wird die Effektivität beurteilt. Dabei gilt, je größer die Reduzierung der mittleren Strukturhöhe ist, desto größer ist die Effektivität des Destrukturierens. Zudem werden zwei Ansätze untersucht, um die Effektivität des Destrukturierens zu steigern. Anschließend wird das Destrukturieren von nicht-periodischen,1-dimensionalen Strukturen untersucht.[16,17]

Der Ablauf der Untersuchungen zum Destrukturieren von 1-dimensionalen Strukturen ist schematisch in Bild 78 dargestellt. In einem ersten Prozessschritt wird eine Struktur A erzeugt. In einem zweiten Prozessschritt wird eine Struktur B erzeugt, mit der die Struktur A durch "destruktive Überlagerung" destrukturiert werden soll. Das Resultat ist ein Testfeld, anhand welchem die Struktur A, die Struktur B und die Überlagerung beider Strukturen analysiert werden.

[16] Ein Teil der in diesem Kapitel vorgestellten experimentellen Untersuchungen wurde im Rahmen der von der Verfasserin betreuten Masterarbeit von *Schober* durchgeführt.

[17] Teilaspekte dieses Kapitels wurden von der Verfasserin bereits veröffentlicht [Kre24].

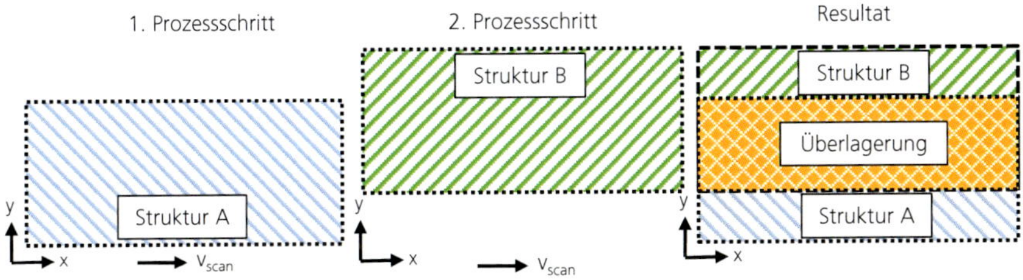

Bild 78: Schematische Darstellung des Ablaufs der Untersuchungen zum Destrukturieren von 1-dimensionalen Strukturen.

Für die Versuche zum Destrukturieren von 1-dimensionalen Strukturen wird die Struktur A stets durch Umschmelzstrukturieren mittels Integrationsansatz erzeugt. Die Laserleistungsmodulation wird nach Formel 6.2 berechnet. Die Laserleistungsmodulation zur Erzeugung der Struktur B wird zunächst als inverse Laserleistungsmodulation der für die zur Erzeugung von Struktur A verwendeten Laserleistungsmodulation nach Formel 8.1 berechnet.

Formel 8.1

$$P_L(x) = P_M - P_A \cdot || \int_0^x h_{soll,A}(x)\, dx ||$$

$P_L(x)$: Laserleistungsmodulation
P_M: mittlere Laserleistung
P_A: Laserleistungsamplitude,
$h_{Soll,A}(x)$: Soll-Profil von Struktur A
dx: Inkrement
x: Position

Die Laserleistungsamplitude zur Erzeugung von Struktur A wird im Folgenden als $P_{A,A}$ bezeichnet und die Laserleistungsamplitude zur Erzeugung von Struktur B als $P_{A,B}$.

8.1.1 Destrukturieren von periodischen, 1-dimensionalen Strukturen

In Kapitel 7.1.1 wird für das Strukturieren von 1-dimensionalen, periodischen Strukturen gezeigt, dass drei Verfahrensparameterbereiche existieren, welche deutliche Unterschiede in der Strukturausbildung aufweisen. Im Rahmen der Untersuchungen zum Destrukturieren von 1-dimensionalen, periodischen Strukturen soll zunächst der Verfahrensparameterbereich bestimmt werden, in welchem mit dem Strukturieren der inversen Struktur effektiv destrukturiert werden kann. Oreshkin et al. [Ore15] zeigen, dass symmetrische Strukturen mit Strukturwellenlängen von $\lambda = 2$ mm, welche mit Verfahrensparameterbereich 2 erzeugt werden, effektiv destrukturiert werden können. Daher soll das Destrukturieren von sinusähnlichen, symmetrischen Strukturen aus Verfahrensparameterbereich 1

($\lambda \leq 2$ mm) und asymmetrischen Strukturen aus Verfahrensparameterbereich 3 ($\lambda > 2$ mm; $P_A/P_{A,max} \geq 0{,}75$) untersucht werden.

Dazu werden die in Bild 48 und Bild 49 dargestellten, symmetrischen und asymmetrischen, sinusförmigen Strukturen destrukturiert. Die für die Erzeugung der Struktur B verwendete Laserleistungsamplitude $P_{A,B}$ wird systematisch variiert und die für die Erzeugung der Struktur A verwendete Laserleistungsamplitude $P_{A,A}$ ist konstant. Die mittlere Strukturhöhe der Struktur A, Struktur B und deren Überlagerung ist in Abhängigkeit vom Laserleistungsamplitudenverhältnis $P_{A,B}/P_{A,A}$ für die symmetrische Struktur mit $\lambda = 1$ mm in Bild 79a und die asymmetrische Struktur mit $\lambda = 2$ mm in Bild 79b dargestellt. Die mittlere Strukturhöhe der Struktur A ist in beiden Fällen erwartungsgemäß mit einer Abweichung von nicht mehr als 3 % konstant, da die Laserleistungsamplitude $P_{A,A}$ nicht variiert wird. Die mittlere arithmetische Höhe von Struktur B steigt in beiden Fällen linear mit der Zunahme von $P_{A,B}$, wie nach den Ergebnissen aus Kapitel 7.1.1 erwartet.

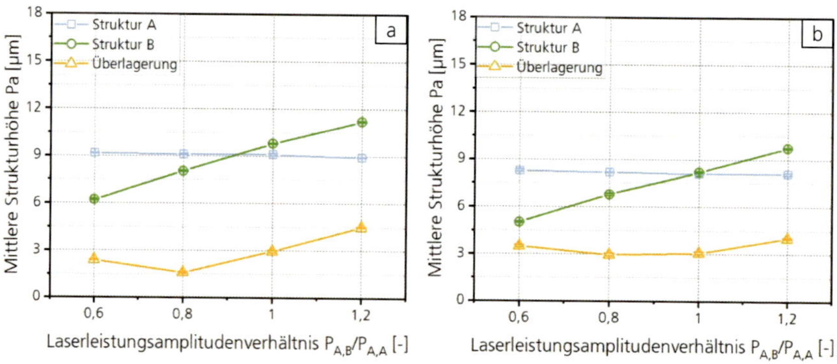

Bild 79: Mittlere Strukturhöhe von Struktur A, Struktur B und deren Überlagerung für die a: symmetrische Struktur mit $\lambda = 1$ mm und b: asymmetrische Struktur mit $\lambda = 2$ mm mit $d_L = 250$ µm; $P_M = 119$ W; $P_{A,A} = 40{,}5$ W; dy = 62,5 µm; $v_{scan} = 50$ mm/s; n = 1.

Die mittlere Strukturhöhe der Überlagerung ist für alle untersuchten Laserleistungsamplituden $P_{A,B}$ kleiner als die von Struktur A oder Struktur B. Für das Destrukturieren der symmetrischen Struktur wird die kleinste mittlere Strukturhöhe mit Pa = 1,60 µm bei einem Laserleistungsamplitudenverhältnis von $P_{A,B}/P_{A,A} = 0{,}8$ erreicht. Die mittlere Strukturhöhe der Struktur A wird durch das Destrukturieren um 83 % reduziert. Dieser Wert ist vergleichbar mit der von Oreshkin et al. [Ore15] erzielten Reduzierung von 86 %. Die kleinste mittlere Strukturhöhe für das Destrukturieren der asymmetrischen Struktur wird mit Pa = 3,0 µm ebenfalls bei einem Laserleistungsamplitudenverhältnis von $P_{A,B}/P_{A,A} = 0{,}8$ erreicht. Die mittlere Strukturhöhe der Struktur A wird um 64 %

reduziert. Die Oberflächentopografien der erzeugten Strukturen mit $P_{A,B}/P_{A,A} = 0{,}8$ sind in Bild 80 dargestellt.

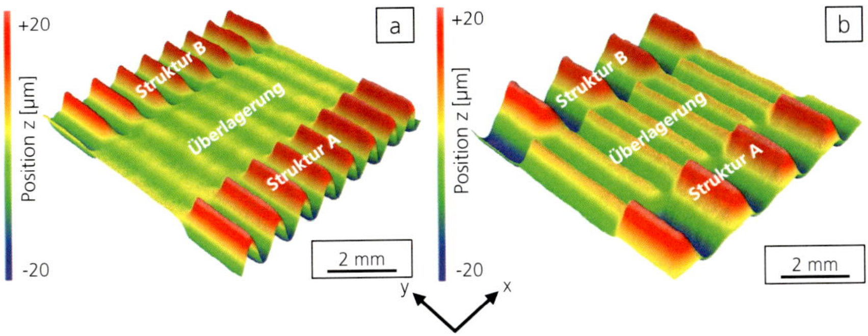

Bild 80: Oberflächentopografie der strukturierten und destrukturierten a: symmetrische Struktur mit $\lambda = 1$ mm und der b: asymmetrische Struktur mit $\lambda = 2$ mm; $d_L = 250$ µm; $P_M = 119$ W; $P_{A,A} = 40{,}5$ W; $P_{A,B}/P_{A,A} = 0{,}8$; $dy = 62{,}5$ µm; $v_{scan} = 50$ mm/s; $n = 1$.

Die größte Reduzierung der mittleren Strukturhöhe wird in beiden Fällen bei einem Amplitudenverhältnis von $P_{A,B}/P_{A,A} = 0{,}8$ und somit mit einer kleineren Laserleistungsamplitude als für das Strukturieren erzielt. Grund dafür ist das Wirkprinzip des Umschmelzstrukturierens. Da die Oberfläche für das Strukturieren aufgeschmolzen wird, kommt es neben der Materialumverteilung zu einer teilweisen Glättung der Strukturen durch die Grenzflächenspannung. In der schmelzflüssigen Phase wird die Oberfläche, wie auch beim Laserpolieren, durch die Oberflächenspannung geglättet und erstarrt im geglätteten Zustand. Beim Umschmelzstrukturieren tritt somit ein simultaner Laserpoliereffekt auf.

Die mittlere Strukturhöhe der asymmetrischen Struktur wird durch das Destrukturieren jedoch nicht so stark reduziert wie die der symmetrischen Struktur. Der Grund dafür ergibt sich aus der Betrachtung der in Bild 81 dargestellten Profilquerschnitte der asymmetrischen Struktur A, der zum Destrukturieren erzeugten Struktur B und deren Überlagerung. Struktur A und Struktur B sind beide in Scanrichtung geneigt. Der Betrag der positiven Steigung ist für beide Profilquerschnitte daher kleiner als der Betrag der negativen Steigung. Da beide Strukturen die gleiche Asymmetrie aufweisen, ist Struktur B nicht die inverse Struktur von Struktur A. Daher ergibt die berechnete Überlagerung (graue, gestrichelte Kurve in Bild 81) beider Strukturen keine geglättete, sondern eine symmetrische, sinusförmige Struktur, die eine sehr große Übereinstimmung mit dem Profilquerschnitt der strukturierten Überlagerung aufweist. Die Überlagerung weist eine Strukturwellenlänge von $\lambda = 1$ mm auf, was der Hälfte der Strukturwellenlänge der Strukturen A und B entspricht.

Bild 81: Profilquerschnitte der Struktur A, Struktur B und der struktuierten und berechneten Überlagerung mit λ = 2 mm; d_L = 250 µm; P_M = 119 W; $P_{A,B}/P_{A,A}$ = 0,8; $P_{A,A}$ = 40,5 W; dy = 62,5 µm; v_{scan} = 50 mm/s; n = 1.

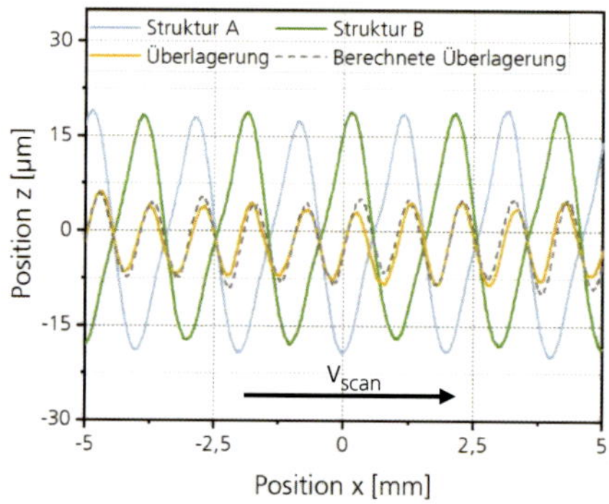

Im Folgenden werden weitere Ansätze zum Destrukturieren untersucht, um die mittlere Strukturhöhe der asymmetrischen Struktur weiter zu reduzieren. Als erster Ansatz wird das iterative Destrukturieren untersucht.

Iteratives Destrukturieren

Wie zuvor gezeigt, können symmetrische Strukturen effektiv destrukturiert werden. Daher wird die überlagerte Struktur, die aus den ersten beiden Prozessschritten beim Destrukturieren der asymmetrischen Struktur resultiert, in einem dritten Prozessschritt erneut destrukturiert. Der dritte Prozessschritt und das resultierende Testfeld nach dem iterativen Destrukturieren sind schematisch in Bild 82 dargestellt.

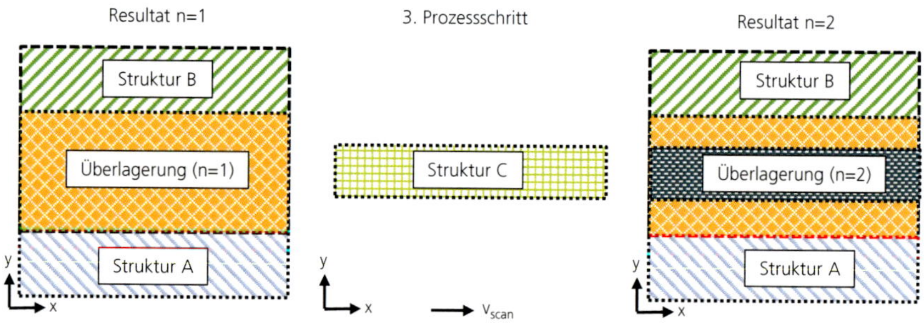

Bild 82: Schematische Darstellung der Untersuchungen zum iterativen Destrukturieren von 1-dimensionalen Strukturen.

In Bild 83 sind die Profilquerschnitte der asymmetrischen Struktur A und der Überlagerung nach dem ersten Destrukturieren (n = 1) und dem zweiten Destrukturieren (n = 2) dargestellt. Für das Strukturieren der Struktur C wird eine Laserleistungsmodulation mit einer Strukturwellenlänge von **λ** = 1 mm und einer Laserleistungsamplitude von $P_{A,C} = 0{,}179 * P_{A,max}$[18] verwendet.

Bild 83:
Profilquerschnitt der Struktur A und den überlagerten Strukturen nach einem und nach zwei Iterationen des Destrukturierens mit
d_l = 250 µm;
P_M = 119 W;
$P_{A,B}/P_{A,A}$ = 0,8;
$P_{A,A}$ = 40,5 W;
$P_{A,C} = 0{,}179 * P_{A,max}$;
dy = 62,5 µm;
v_{scan} = 50 mm/s.

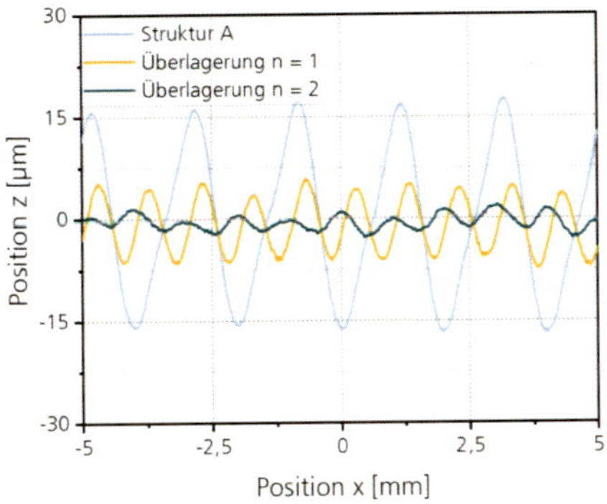

Nach dem zweiten Destrukturieren wird eine mittlere Strukturhöhe von Pa = 0,97 für die Überlagerung (n = 2) ermittelt. Die mittlere Strukturhöhe wird in zwei Iterationen somit um 90 % reduziert. Die Reduzierung der mittleren Strukturhöhe ist damit größer als die Reduzierung, die beim Destrukturieren der symmetrischen Struktur mit einem Destrukturieren erreicht wird. In Bild 84a ist eine Fotografie und in Bild 84b die Oberflächentopografie von Struktur A, Struktur B und den überlagerten Strukturen nach einem und nach zwei Iterationen des Destrukturierens dargestellt.

18 Die Strukturhöhe der Überlagerung nach dem ersten Destrukturieren (n = 1) beträgt Pa = 3,0 µm. In Anhang 13.5 ist die lineare Abhängigkeit der mittleren Strukturhöhe von der Laserleistungsamplitude für das Strukturieren einer sinusförmigen Struktur mit einer Strukturwellenlänge von λ = 1 mm dargestellt. Für das Destrukturieren wird nach den Erkenntnissen aus Bild 79 eine um den Faktor von 0,8 kleinere Laserleistungsamplitude verwendet als für das Strukturieren.

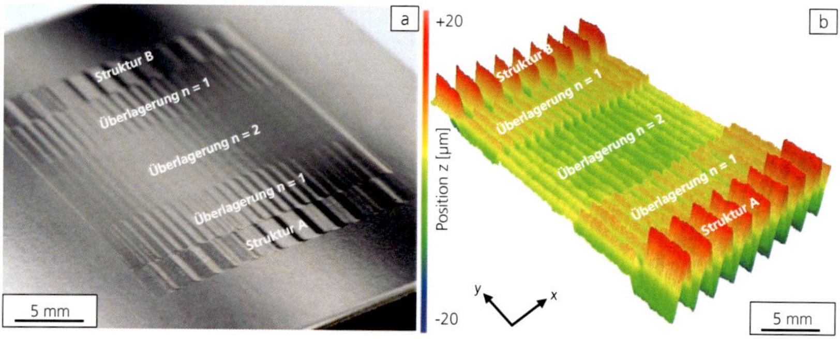

Bild 84a: Fotografie und b: Oberflächentopografie von Struktur A, Struktur B und deren überlagerter Struktur nach einem und nach zwei Iterationen des Destrukturierens mit d_L = 250 µm; P_M = 119 W; $P_{A,B}/P_{A,A}$ = 0,8; $P_{A,A}$ = 40,5 W; $P_{A,C}$ = 0,179*$P_{A,max}$; dy = 62,5 µm; v_{scan} = 50 mm/s.

Destrukturieren mit der inversen Struktur

Beim Destrukturieren von asymmetrischen Strukturen mit Strukturwellenlängen von λ = 2 mm, wird, wie in Bild 81 zu erkennen, mit der inversen Laserleistungsmodulation nicht die inverse Struktur der asymmetrischen Struktur A erzeugt. Um die asymmetrische Struktur effektiver zu Destrukturieren, soll im Folgenden die tatsächliche inverse Struktur der Struktur A als Struktur B erzeugt werden. In Bild 85a sind die Profilquerschnitte der asymmetrischen Struktur A und der zu erzeugenden, inversen Soll-Struktur B dargestellt.

Für die Erzeugung der Soll-Struktur B wird der Integrationsansatz nach Formel 8.2 verwendet, wobei abweichend zu Formel 8.1 die inverse Struktur der Struktur A als Soll-Profil verwendet wird.

Formel 8.2

$$P_L(x) = P_M + P_A \cdot || \int_0^x h_{soll,A\_inv}(x)dx ||$$

$P_L(x)$: Laserleistungsmodulation
P_M: mittlere Laserleistung
P_A: Laserleistungsamplitude,
$h_{soll,A\_inv}(x)$: Soll-Profil der inversen Struktur von Struktur A
dx: Inkrement
x: Position

In Bild 85b ist der Profilquerschnitt der mit dem Integrationsansatz nach Formel 8.2 erzeugten Struktur im Vergleich zum Soll-Profilquerschnitt der Struktur B dargestellt. Die erzeugte Struktur weist eine Formabweichung von $Pa(\Delta)_F$ = 0,154 gegenüber der Soll-Struktur auf.

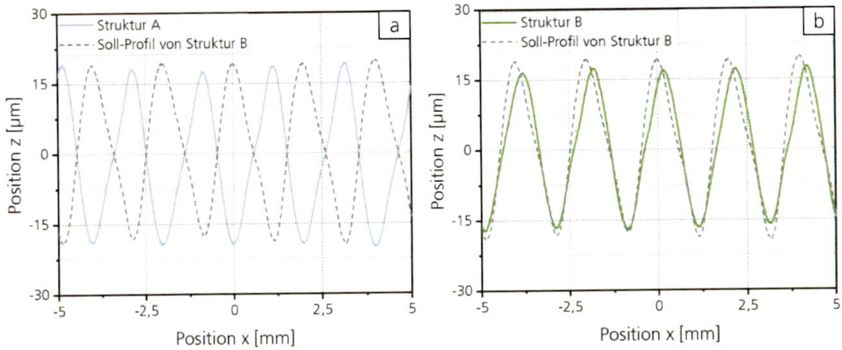

Bild 85: Profilquerschnitte der a: asymmetrischen Struktur A und der dazu inversen Soll-Struktur B und b: der inversen Soll-Struktur B und der mittels Integrationsansatz erzeugten Struktur B mit d_L = 250 µm; P_M = 119 W; $P_{A,B}$ = 40,5 W; dy = 62,5 µm; v_{scan} = 50 mm/s.

Um die Formabweichung weiter zu reduzieren, wird der Laserleistungsmodulation nach Formel 7.1 und Formel 7.2, äquivalent wie bei den Untersuchungen zum Strukturieren, ein Kompensationsterm hinzugefügt. Die Formabweichung der mit dem Kompensationsterm erzeugten Strukturen ist in Bild 86 als Funktion von A_Δ dargestellt. Der Verlauf der Formabweichung ist ähnlich wie in Bild 50a; die Formabweichung sinkt zunächst mit steigendem A_Δ bis die kleinste Formabweichung bei $A_\Delta = 2$ mit $Pa(\Delta)_F = 0{,}046$ erreicht wird. In Bild 86b sind die Profilquerschnitte der Soll-Struktur und der erzeugten Struktur mit $A_\Delta = 2$ dargestellt.

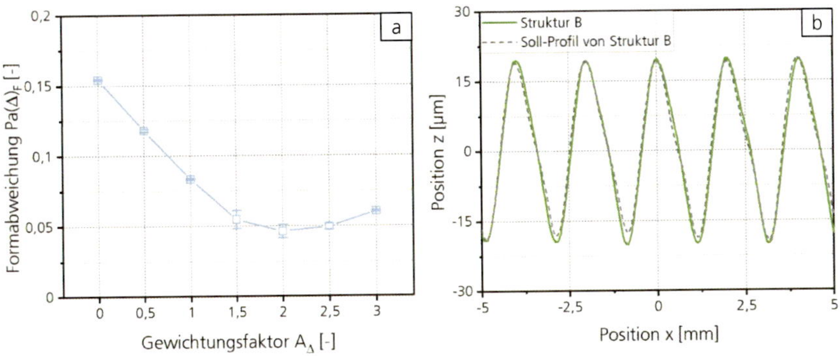

Bild 86a: Formabweichung der mit Kompensationsterm erzeugten Struktur B und b: Profilquerschnitte der mit A_Δ = 2 erzeugten Struktur B und des Soll-Profils mit d_L = 250 µm; P_M = 119 W; $P_{A,B}$ = 40,5 W; dy = 62,5 µm; v_{scan} = 50 mm/s.

Durch das Strukturieren mit dem Kompensationsterm kann die inverse Soll-Struktur der Struktur A mit sehr großer Übereinstimmung strukturiert werden. In einem nächsten Schritt wird die asymmetrische Struktur A mit der erzeugten, inversen Struktur B destrukturiert. In Bild 87a ist die Oberflächentopografie und in Bild 87b sind die Profilquerschnitte der asymmetrischen Struktur A, der mit Kompensationsterm erzeugten Struktur B und die Überlagerung beider Strukturen dargestellt. Die mittlere Strukturhöhe der Struktur A wird durch das Destrukturieren mit Kompensationsterm und einer Belichtung um 86 % auf Pa = 1,48 µm reduziert. Die Reduzierung ist dabei sogar um 5 % größer als die für die symmetrische Struktur erzielte Reduzierung

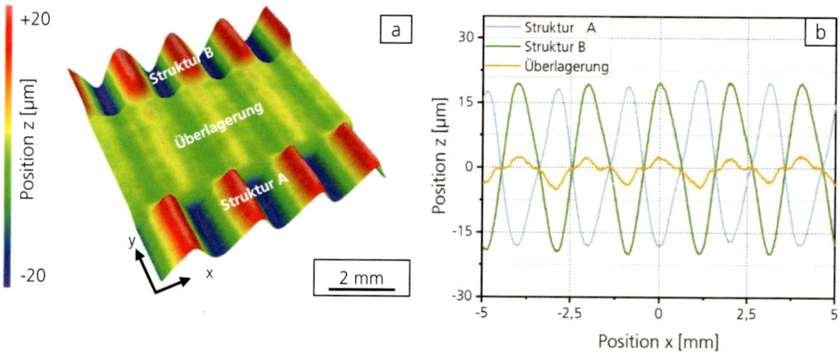

Bild 87a: Oberflächentopografie und b: Profilquerschnitte der asymmetrischen Struktur A, der dazu inversen, mit Kompensationsterm erzeugten Struktur B und deren Überlagerung mit d_L = 250 µm; P_M = 119 W; $P_{A,A}$ = 40,5 W; $P_{A,B}/P_{A,A}$ = 0,8; dy = 62,5 µm; v_{scan} = 50 mm/s.

Zwischenfazit zum Destrukturieren von periodischen, 1-dimensionalen Strukturen

Aus den Untersuchungen zum Destrukturieren von 1-dimensionalen, periodischen Strukturen ergeben sich für den untersuchten Verfahrensparameterraum folgende Erkenntnisse:

- Durch das Destrukturieren mit der inversen Laserleistungsmodulation kann die mittlere Strukturhöhe der symmetrischen Struktur (Verfahrensparameterbereich 1, $\lambda \leq 2$ mm) um 83 % auf Pa = 1,60 µm reduziert werden, während die mittlere Strukturhöhe der asymmetrischen Struktur (Verfahrensparameterbereich 3, $\lambda \geq 2$ mm; $P_A/P_{A,max} \geq 0{,}75$) nur um 64 % auf Pa = 3,0 µm reduziert wird. Die mittlere Strukturhöhe der asymmetrischen Struktur wird durch das Destrukturieren somit nicht so stark reduziert wie die der symmetrischen Struktur. Der Grund dafür ist, dass sowohl die vorstrukturierte Struktur (Struktur A) als auch die zum Destrukturieren erzeugte Struktur (Struktur B) in Scanrichtung geneigt sind. Da beide Strukturen die gleiche Asymmetrie aufweisen, ist Struktur B nicht die inverse Struktur von Struktur A. Daher ergibt die Überlagerung beider Strukturen keine geglättete, sondern eine symmetrische, sinusförmige Struktur.

- Beim iterativen Destrukturieren der asymmetrischen Struktur mit zwei Belichtungen wird beim 2. Destrukturieren eine symmetrische Struktur mit einer Strukturwellenlänge von λ = 1 mm destrukturiert. Insgesamt kann die mittlere Strukturhöhe der asymmetrischen Struktur um 90 % auf Pa = 0,967 µm reduziert werden. Die Reduzierung ist größer als die Reduzierung beim Destrukturieren der symmetrischen Struktur.

- Durch das Destrukturieren der inversen Struktur (hier realisiert durch den Integrationsansatz mit Kompensationsterm) kann die inverse Soll-Struktur mit sehr großer Übereinstimmung strukturiert werden. Dadurch kann die mittlere Strukturhöhe der asymmetrischen Struktur mit nur einer Belichtung um 86 % auf Pa = 1,48 µm reduziert werden. Die Reduzierung der Strukturhöhe ist damit größer als beim Destrukturieren mit der inversen Laserleistungsmodulation, jedoch kleiner als beim iterativen Destrukturieren.

8.1.2 Destrukturieren von nicht-periodischen, 1-dimensionalen Strukturen

Im Folgenden wird das Destrukturieren von nicht-periodischen, 1-dimensionalen Strukturen untersucht.[19] Dazu wird das in Bild 28 unten dargestellte Soll-Profil als Struktur A mit den aus Kapitel 7.1.3 ermittelten und in Tabelle 10 dargestellten Verfahrensparameterkombinationen strukturiert und anschließend destrukturiert. Für das Destrukturieren wird dabei stets die gleiche Anzahl an Belichtungen verwendet, wie für das Strukturieren. Die Laserleistungsmodulation für das Destrukturieren des Soll-Profils wird nach dem Integrationsansatz in Formel 8.1 berechnet.

[19] Teilaspekte dieses Kapitels wurden von der Verfasserin bereits veröffentlicht [Kre22].

Tabelle 10: Verfahrensparameterkombinationen für das Vorstrukturieren der Struktur A.

Verfahrensparameter-kombination VPK	**Anzahl der Belichtungen n [-]**	**Laserleistungsamplitude $P_{A,A}$ [W]**
1	1	54
2	2	27
3	4	13,5

In Bild 88 ist die mittlere Strukturhöhe nach dem Destrukturieren in Abhängigkeit des Laserleistungsamplitudenverhältnisses von Struktur B und Struktur A dargestellt. Für jede Verfahrensparameterkombination wird die Laserleistungsamplitude $P_{A,B}$ zur Erzeugung der Struktur B variiert, während die Laserleistungsamplitude $P_{A,A}$ konstant ist. Die gestrichelten Linien zeigen die mittlere Strukturhöhe der mit der jeweiligen Verfahrensparameterkombination vorstrukturierten Struktur A.

Bild 88: Mittlere Strukturhöhe nach dem Destrukturieren der 1-dimensionalen, nicht-periodischen Strukturen mit den Verfahrensparameterkombinationen aus Tabelle 10 und d_L = 250 µm; P_M = 119 W; dy = 62,5 µm; v_{scan} = 50 mm/s.

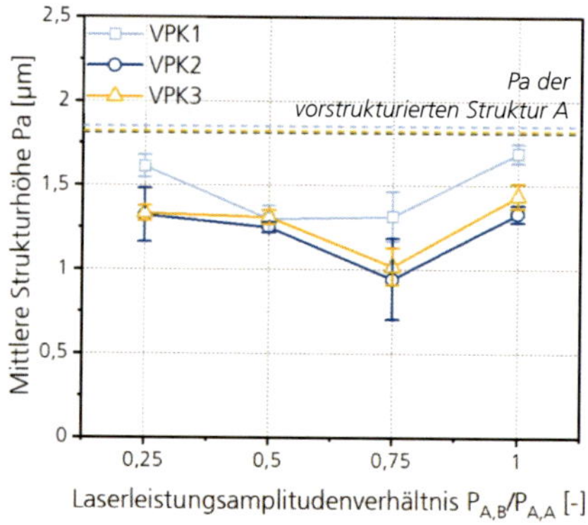

Die mittlere Strukturhöhe ist nach dem Destrukturieren für alle untersuchten Verfahrensparameterkombinationen und Laserleistungsamplitudenverhältnisse $P_{A,B}/P_{A,A}$ kleiner als die der jeweiligen Struktur A. Die größte Reduzierung der mittleren Strukturhöhe wird bei allen untersuchten Verfahrensparameterkombination mit einem Laserleistungsamplitudenverhältnis von $P_{A,B}/P_{A,A}$ = 0,75 erreicht. Die mittlere Strukturhöhe der Struktur A wird durch das Destrukturieren mit Verfahrensparameterkombination 1 um 29 % auf Pa = 1,32 µm reduziert. Die Reduzierung der mittleren Strukturhöhe ist mit den Verfahrensparameterkombinationen 2 bzw. 3 mit 48 % und 45 % auf Pa = 0,94 µm bzw. Pa = 1,02 µm größer. Der Unterschied in der Reduzierung der mittleren Strukturhöhe ist auch bei der Betrachtung der Profilquerschnitte der Strukturen vor und nach dem Destrukturieren zu erkennen. In Bild 89 sind die Profilquerschnitte für die Verfahrensparameterkombinationen 1 (a) und 3 (b) dargestellt.

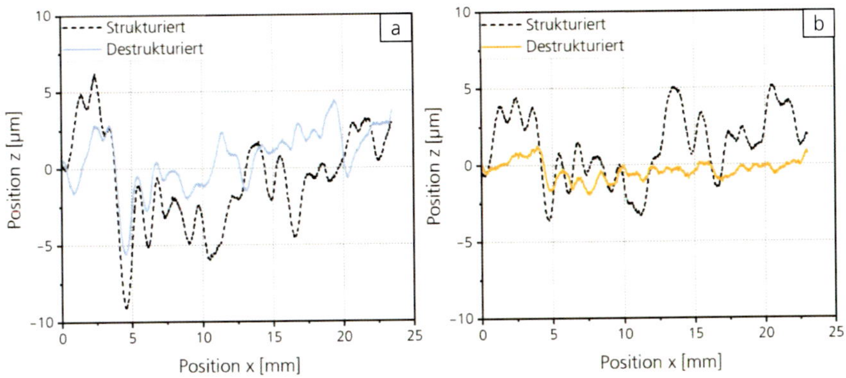

Bild 89: Profilquerschnitte der vorstrukturierten Struktur A und der Überlagerung nach dem Destrukturieren bei einem Laserleistungsamplitudenverhältnis $P_{A,B}/P_{A,A}$ = 0,75 für a: Verfahrensparameterkombination 1 und b: Verfahrensparameterkombination 3 mit d_L = 250 µm; P_M = 119 W; dy = 62,5 µm; v_{scan} = 50 mm/s.

Im Profilquerschnitt der mit Verfahrensparameterkombination 1 destrukturierten Struktur ist zu erkennen, dass die einzelnen Strukturberge und Strukturtäler der vorstrukturierten Struktur insbesondere im Bereich x = 4 mm bis x = 10 mm nicht effektiv destrukturiert werden. Im Bereich x = 10 mm bis x = 20 mm ist hingegen zu erkennen, dass die einzelnen Strukturelemente des destrukturierten Profilquerschnitts oftmals eine betragsmäßig größere z-Position aufweisen als die vorstrukturierte Struktur. Diese Strukturelemente weisen eine große Übereinstimmung mit der zu Struktur A inversen Struktur B auf und werden im Folgenden als überdestrukturiert bezeichnet. In Bild 90 sind exemplarisch eine überstrukturierte und eine überdestrukturierte Struktur im Vergleich zu einer Soll-Struktur dargestellt. In der ersten Hälfte des mit Verfahrensparameterkombination 1 destrukturierten Profilquerschnitts ist das Laserleistungsamplitudenverhältnis vermutlich nicht ausreichend, um die einzelnen Strukturelemente zu destrukturieren. In der zweiten Hälfte ist das Laserleistungsamplitudenverhältnis für das Destrukturieren vermutlich zu groß; die vorstrukturierte Struktur wird überdestrukturiert.

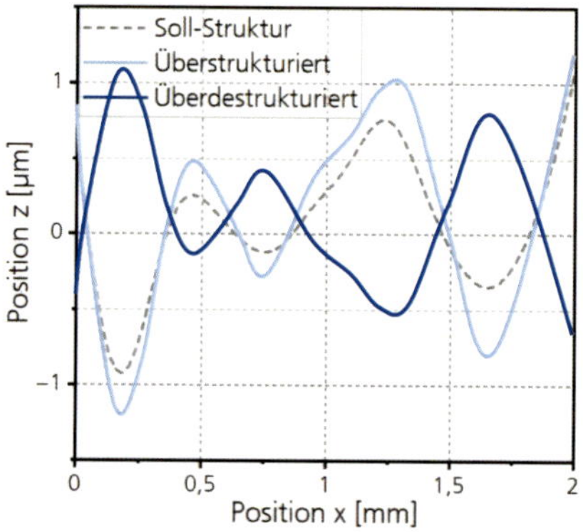

Bild 90: Profilquerschnitt einer im Vergleich zur Soll-Struktur überstrukturierten bzw. überdestrukturierten Struktur.

Der Profilquerschnitt der mit Verfahrensparameterkombination 3 destrukturierten Struktur weist keine überdestrukturierten Strukturelemente auf. Jedoch werden auch mit dieser Verfahrensparameterkombination die einzelnen Strukturberge und Strukturtäler der vorstrukturierten Struktur A im Bereich x = 2,5 mm bis x = 10 mm nicht vollständig destrukturiert. Die Oberflächentopografie, der mit Verfahrensparameterkombination 3 vorstrukturierten und anschließend destrukturierten Struktur, ist in Bild 91 dargestellt. Die Fotografie der Probe ist in Bild 92 dargestellt.

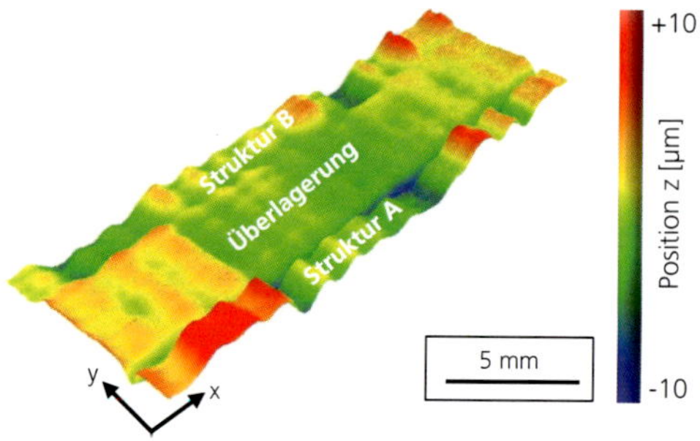

Bild 91: Oberflächentopografie der mit Verfahrensparameterkombination 3 vorstrukturierten und anschließend destrukturierten Struktur mit $P_{A,B}/P_{A,A} = 0{,}75$; $d_L = 250$ µm; $P_M = 119$ W; dy = 62,5 µm; $v_{scan} = 50$ mm/s.

Bild 92:
Fotografie der mit Verfahrensparameterkombination 3 vorstrukturierten und anschließend destrukturierten Struktur mit $P_{A,B}/P_{A,A}$ = 0,75; d_L = 250 µm; P_M = 119 W; dy = 62,5 µm; v_{scan} = 50 mm/s.

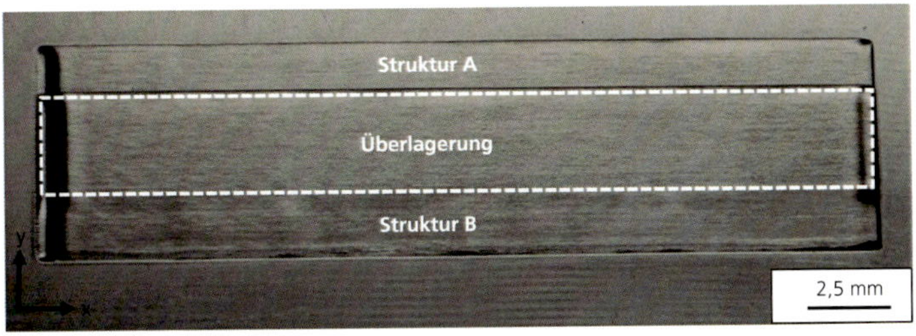

Aus den Untersuchungen folgt, dass für den untersuchten Verfahrensparameterraum ein möglichst effizientes Destrukturieren von 1-dimensionalen, nicht-periodischen Strukturen mehrere Belichtungen von n ≥ 2 verwendet werden sollten. Dadurch kann ein Überdestrukturierten auch bei großen Laserleistungsamplitudenverhältnissen von $P_{A,B}/P_{A,A}$ > 0,5 verhindert werden.

8.2 Destrukturieren von 2-dimensionalen Strukturen

Basierend auf den vorherigen Ergebnissen wird das Destrukturieren von nicht-periodischen, 2-dimensionalen Strukturen untersucht.[20] Der Ablauf der Untersuchung zum Destrukturieren von 2-dimensionalen Strukturen ist schematisch in Bild 93 dargestellt.

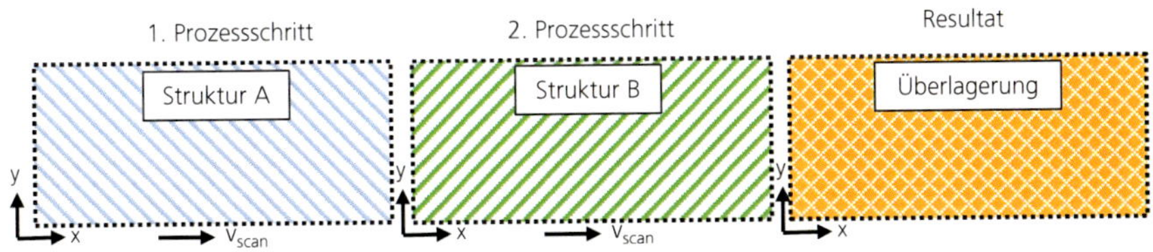

Bild 93: Schematische Darstellung der Untersuchungen zum Destrukturieren von 2-dimensionalen Strukturen.

Zunächst wird die in Bild 28 oben dargestellte Soll-Struktur als Struktur A mit den in Kapitel 7.2.2 bestimmten Verfahrensparametern im 1. Prozessschritt vorstrukturiert. Die verwendeten Verfahrensparameterkombinationen sind in Tabelle 11 dargestellt. Für das Destrukturieren im 2. Prozessschritt werden die gleiche Anzahl an Belichtungen und die gleichen Bearbeitungsrichtungen verwendet wie für das Strukturieren. Die Laserleistungsmodulation für das Destrukturieren wird

[20] Ein Teil der in diesem Kapitel vorgestellten experimentellen Untersuchungen wurde im Rahmen der von der Verfasserin betreuten Masterarbeit von *Ritgens* durchgeführt.

nach dem im Bild 72 dargestellten Algorithmus erzeugt, wobei die Laserleistungsmodulation für jede Einzelspur abweichend nach Formel 8.1 berechnet wird.

Tabelle 11: Verfahrensparameterkombinationen für das Vorstrukturieren der Soll-Struktur.

Verfahrensparameterkombination	**Anzahl der Belichtungen n [-]**	**Laserleistungsamplitude $P_{A,A}$ [W]**	**Bearbeitungsrichtung α [°]**
4	2	44,9	0; 90
5	4	20,8	0; 90; 0; 90

In Bild 94 ist die mittlere Strukturhöhe nach dem Destrukturieren in Abhängigkeit des Laserleistungsamplitudenverhältnisses von Struktur B und Struktur A dargestellt. Die Laserleistungsamplitude $P_{A,B}$ wird variiert, während die Laserleistungsamplitude $P_{A,A}$ konstant ist. Die gestrichelten Linien zeigen die mittlere Strukturhöhe der jeweiligen Struktur A.

Bild 94: Mittlere Strukturhöhe nach dem Destrukturieren der 2-dimensionalen, nicht-periodischen Strukturen mit den Verfahrensparameterkombinationen aus Tabelle 11 und d_L = 250 µm; P_M = 119 W; dy = 62,5 µm; v_{scan} = 50 mm/s.

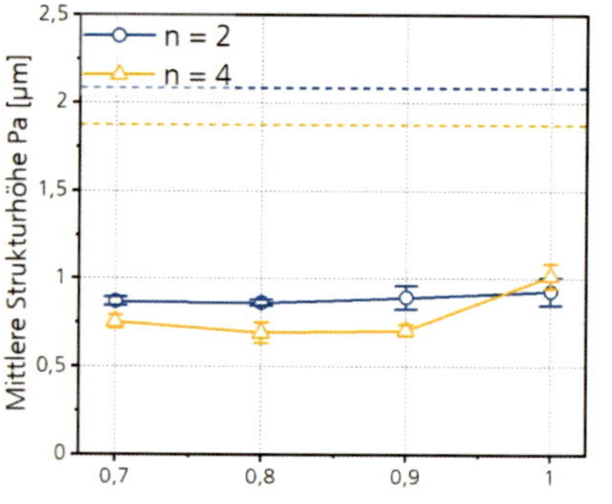

Die mittlere Strukturhöhe ist, wie beim Destrukturieren der 1-dimensionalen, nicht-periodischen Strukturen, nach dem Destrukturieren für beide untersuchten Verfahrensparameterkombinationen und alle Laserleistungsamplitudenverhältnisse $P_{A,B}/P_{A,A}$ kleiner als die der jeweiligen Struktur A. Die größte Reduzierung der mittleren Strukturhöhe wird bei Verfahrensparameterkombination 4 mit einem Laserleistungsamplitudenverhältnis von $P_{A,B}/P_{A,A}$ = 0,8 erreicht. Die mittlere Strukturhöhe wird um 59 % auf Pa = 0,86 µm reduziert. Mit Verfahrensparameterkombination 5 erfolgt die größte Reduzierung der mittleren Strukturhöhe ebenfalls bei $P_{A,B}/P_{A,A}$ = 0,8. Die mittlere Strukturhöhe wird um 63 % auf

Pa = 0,69 µm reduziert. Die Reduzierung der mittleren Strukturhöhe ist somit bei Verfahrensparameterkombination 5 größer. In Bild 95 sind die Oberflächentopografien der mit Verfahrensparameterkombination 4 und 5 erzeugten und destrukturierten Struktur dargestellt. In Bild 98 sind Fotografien der mit Verfahrensparameterkombination 5 erzeugten und destrukturierten Struktur dargestellt.

Beim Destrukturieren von 2-dimensionalen, nicht-periodischen Strukturen wird durch das Destrukturieren eine kleinere mittlere Strukturhöhe als nach dem Destrukturieren der 1-dimensionalen, nicht-periodischen Strukturen erzielt, obwohl beide vorstrukturierten Strukturen eine ähnliche mittlere Strukturhöhe aufweisen. Grund dafür ist vermutlich die Drehung der Bearbeitungsrichtung nach jeder Belichtung, wodurch das Material in zwei Richtungen umverteilt werden kann.

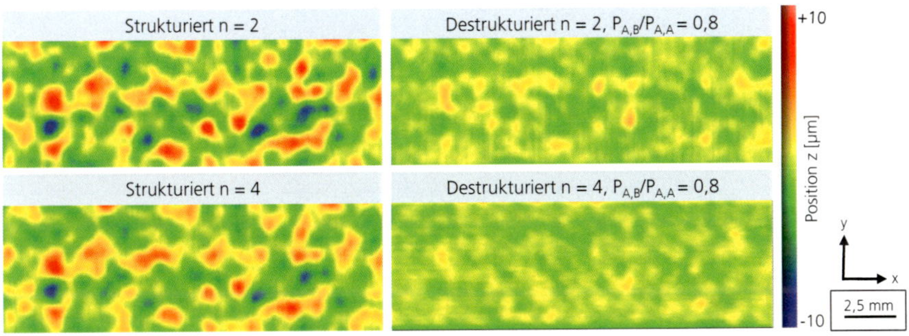

Bild 95: Oberflächentopografie vor (links) und nach (rechts) dem Destruktrurieren der 2-dimensionalen, nicht-periodischen Strukturen mit den Verfahrensparameterkombination 4 und 5 aus Tabelle 11 und d_L = 250 µm; P_M = 119 W; dy = 62,5 µm; v_{scan} = 50 mm/s.

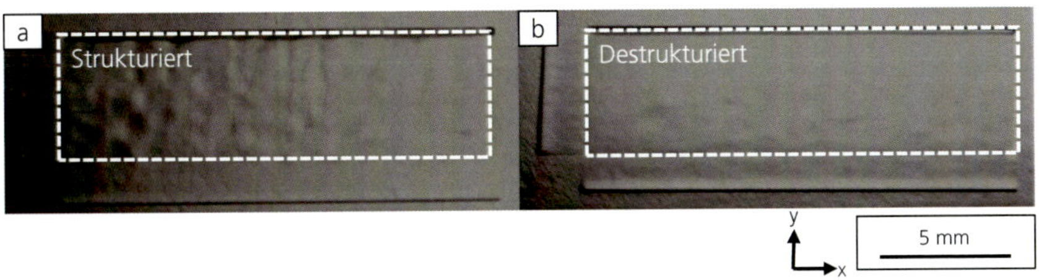

Bild 96: Fotografie a: vor und b: nach dem Destruktrurieren der 2-dimensionalen, nicht-periodischen Strukturen mit der Verfahrensparameterkombination 5 aus Tabelle 11 und d_L = 250 µm; P_M = 119 W; dy = 62,5 µm; v_{scan} = 50 mm/s.

Iteratives Destrukturieren

Die größte Reduzierung der mittleren Strukturhöhe wird beim Destrukturieren der 1-dimensionalen, periodischen Strukturen durch das iterative Destrukturieren erzielt. Daher wird untersucht, ob das iterative Destrukturieren für das Destrukturieren von 2-dimensionalen, nicht-periodischen Strukturen zu einer weiteren Reduzierung der mittleren Strukturhöhe führt. Dazu wird die mit Verfahrensparameterkombination 5 und einem Laserleistungsamplitudenverhältnis von $P_{A,B}/P_{A,A} = 0{,}8$ destrukturierte Struktur nach der Vermessung der Oberflächentopografie in einem zweiten Prozessschritt erneut destrukturiert. Jeder Prozessschritt wird mit $n_i = 4$ Belichtungen ausgeführt. Für das zweite Destrukturieren wird eine Laserleistungsamplitude von $P_{A,2DS} = 2{,}25$ W verwendet. Diese wird basierend auf der Strukturhöhe nach dem ersten Destrukturieren (Pa = 0,63 µm) mithilfe des linearen Fits aus Bild 73a für n = 4 berechnet und anschließend mit einem Faktor von 0,8 multipliziert, da für das Destrukturieren eine um den Faktor 0,8 kleinere Laserleistungsamplitude verwendet wird als für das Strukturieren. Die Laserleistungsmodulation für das zweite Destrukturieren wird nach dem im Bild 72 dargestellten Algorithmus erzeugt, wobei die Laserleistungsmodulation für jede Einzelspur nach Formel 8.1 berechnet wird. Als Eingangsdatensatz für den Algorithmus wird die Oberflächentopografie nach dem ersten Destrukturieren verwendet. In Bild 97 ist die Oberflächentopografie nach dem ersten und dem zweiten Destrukturieren und die jeweilige mittlere Strukturhöhe dargestellt. In Bild 98 ist eine Fotografie der Probe nach dem 2. Destrukturieren dargestellt.

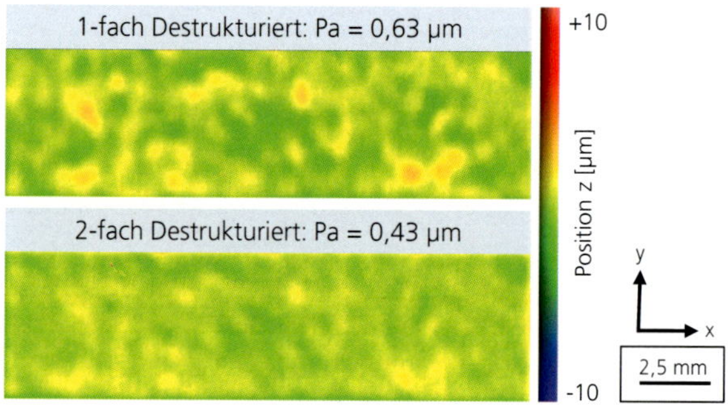

Bild 97: Oberflächentopografie nach dem 1. Destrukturieren (oben) mit Verfahrensparameter kombination 5 aus Tabelle 11 und nach dem 2. Destrukturieren (unten) mit $n_i = 4$ und $P_{A,2DS} = 2{,}25$ W mit $d_L = 250$ µm; $P_M = 119$ W; $dy = 62{,}5$ µm; $v_{scan} = 50$ mm/s.

Bild 98:
Fotografie nach dem 2. Destrukturieren mit $n_i = 4$ und $P_{A,2DS} = 2{,}25$ W mit $d_L = 250$ µm; $P_M = 119$ W; dy = 62,5 µm; $v_{scan} = 50$ mm/s.

Durch das zweite Destrukturieren kann die mittlere Strukturhöhe von Pa = 0,63 µm bis auf Pa = 0,43 µm reduziert werden. Durch das iterative Destrukturieren mit zwei Prozessschritten kann die mittlere Strukturhöhe im Vergleich zur Struktur A um 77 % reduziert werden. Damit führt das iterative Destrukturieren auch beim Destrukturieren von 2-dimensionalen, nicht-periodischen Strukturen zu einer weiteren Reduzierung der mittleren Strukturhöhe.

8.2.1 Gesamtzwischenfazit zum Destrukturieren von nicht-periodischen Strukturen

Aus den Untersuchungen zum Destrukturieren ergeben sich für den untersuchten Verfahrensparameterraum folgende Erkenntnisse:

- Die Reduzierung der mittleren Strukturhöhe ist mit den Verfahrensparameterkombinationen 2 bzw. 3 mit 48 % und 45 % auf Pa = 0,94 µm bzw. Pa = 1,02 µm größer als für Verfahrensparameterkombination 1. Für das Destrukturieren von 1-dimensionalen, nicht-periodischen Strukturen sollten mehrere Belichtungen verwendet werden.

- Beim Destrukturieren der 2-dimensionalen, nicht-periodischen Struktur kann die mittlere Strukturhöhe um maximal 77 % auf Pa = 0,43 mm durch n = 4 Belichtungen und iteratives Destrukturieren reduziert werden.

Für eine möglichst große Reduzierung der mittleren Strukturhöhe wird für den untersuchten Verfahrensparameterbereich gezeigt, dass mehrere Belichtungen $n \geq 2$ und kleine Laserleistungsamplituden von $P_A \leq 0{,}5 * P_{A,max}$ sowie iteratives Destrukturieren verwendet werden sollten. Im folgenden Kapitel werden die hier gewonnen Erkenntnisse an einem PBF gefertigten Werkstück demonstriert.

9 Demonstration

Die Zielsetzung dieser Arbeit besteht darin, eine Prozesskette aus Laserpolieren und Destrukturieren zu entwickeln. Durch das Laserpolieren soll die Rauheit und durch das Destrukturieren die Welligkeit reduziert werden. Die einzelnen Prozessschritte der in Bild 11 schematisch dargestellten Prozesskette werden in Kapitel 5 bis 8 untersucht. Als Demonstration der gesamten Prozesskette werden im Folgenden PBF gefertigte Werkstücke zunächst laserpoliert und anschließend destrukturiert. Für das Destrukturieren wird die Oberflächentopografie nach dem Laserpolieren mittels WLI vermessen und die Laserleistungsmodulation mittels Integrationsansatz berechnet. Ziel ist, insbesondere die Welligkeit nach dem Laserpolieren zu reduzieren. Das Vorgehen zur Bearbeitung der Demonstratorwerkstücke ist in Bild 99 dargestellt.

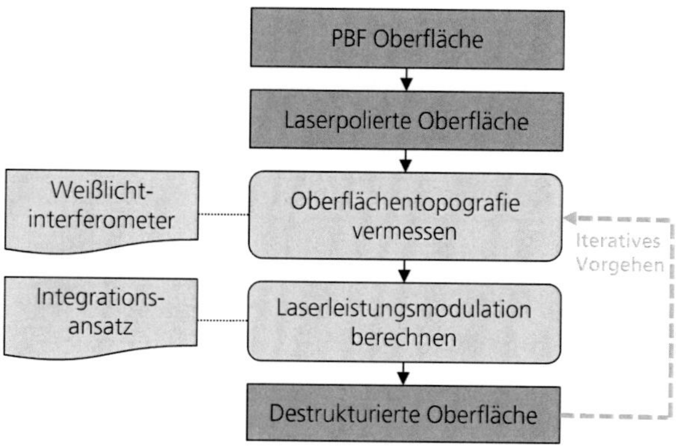

Bild 99: Darstellung der Vorgehensweise für die Bearbeitung der Demonstratorwerkstücke.

Das Laserpolieren erfolgt mit einer Anzahl an Belichtungen von n = 2 und einer Laserleistung von P_L = 125 W. In Kapitel 5 wird gezeigt, dass erst mit n = 4 die größte Reduzierung der Rauheit erzielt wird, jedoch ist auch das Destrukturieren ein Verfahren, welches auf Umschmelzen basiert, sodass ein nachfolgendes Destrukturieren voraussichtlich zu einer weiteren Reduzierung der Rauheit führen wird. Die Welligkeit nach dem Laserpolieren unterscheidet sich für n = 2 und n = 4 um weniger als 2 %. Da mit einer Anzahl von n = 2 Belichtungen eine größere Flächenrate und damit eine größere Produktivität erzielt wird als mit einer größeren Anzahl an Belichtungen, werden n = 2 Belichtungen verwendet.

Auch das Destrukturieren erfolgt mit n = 2Belichtungen und einer Drehung der Bearbeitungsrichtung nach jeder Belichtung (α = 0°; 90°). In Kapitel 8.2 wird gezeigt, dass mit n = 2 und n = 4 eine annähernd gleiche Reduzierung der mittleren Strukturhöhe erfolgt. In Kapitel 8.1 und 8.2 wird die größte Reduzierung der mittleren Strukturhöhe durch das iterative Destrukturieren erzielt, daher erfolgt auch das Destrukturieren der Demonstratorwerkstücke iterativ. Jede Iteration des Destrukturierens erfolgt mit einer Anzahl von $n_i = 2$ Belichtungen. Nach jeder Iteration wird die Oberflächentopografie des Demonstratorwerkstücks gemessen und die Laserleistungsmodulation mit dieser neu berechnet.

In Bild 100 ist die Welligkeit in Abhängigkeit der kumulierten Anzahl der Belichtungen für das Demonstratorwerkstück nach dem Destrukturieren im Vergleich zu einem laserpolierten Werkstück dargestellt. Der erste Datenpunkt beider Kurven gibt die Welligkeit der PBF Oberfläche ohne Laserbearbeitung an. Im ersten Prozessschritt werden beide Werkstücke laserpoliert, sodass der zweite Datenpunkt jeweils die Welligkeit einer laserpolierten PBF Oberfläche darstellt. Für die folgenden Datenpunkte wird wie farblich markiert entweder destrukturiert oder laserpoliert.

Bild 100: Welligkeit nach dem Laserpolieren und verschiedenen Iterationen des Destruktrurierens mit P_M = 119 W und dy = 62,5 µm (Destrukturieren); P_L = 125 W und dy = 50 µm (Laserpolieren); n_i = 2; d_L = 250 µm; v_{scan} = 50 mm/s.

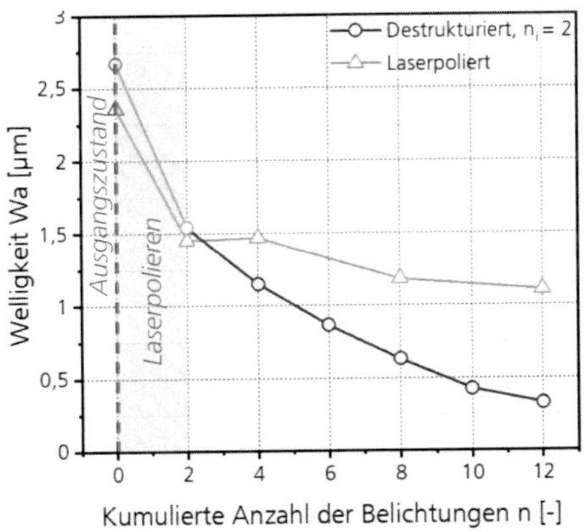

Für die destrukturierte Oberflächen wird bereits nach der ersten Iteration mit einer Anzahl von n = 4 Belichtungen eine um 21 % kleinere Welligkeit erzielt als nach dem Laserpolieren. Für weitere Iterationen des Destrukturierens wird die Welligkeit weiter reduziert. Ausgehend von der PBF Oberfläche wird die Welligkeit um 79 % auf Wa = 0,329 µm reduziert. Die Welligkeit ist damit um 70 % kleiner als die Welligkeit nach dem Laserpolieren mit der gleichen Anzahl an Belichtungen. In Bild 101 sind die Oberflächentopografieaufnahmen und in Bild 103 Fotografien des Demonstratorwerkstücks vor und nach dem Laserpolieren mit einer Anzahl von n = 2 Belichtungen sowie nach verschiedenen Iterationen des Destrukturierens dargestellt.

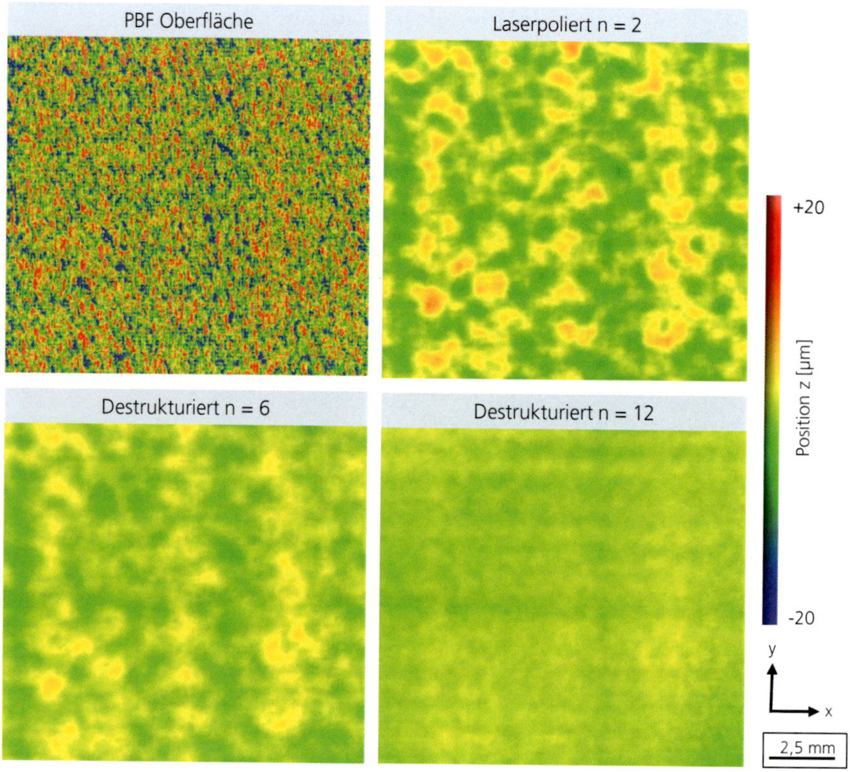

Bild 101: Oberflächentopografieaufnahmen der PBF Oberfläche, der laserpolierten Oberfläche und der Oberfläche nach verschiedenen Iterationen des Destrukturierens mit konstanter Laserleistungsamplitude mit P_M = 119 W; dy = 62,5 µm; n_i = 2; d_L = 250 µm; v_{scan} = 50 mm/s.

Auf den Oberflächentopografieaufnahmen ist zu erkennen, dass die einzelnen Strukturelemente, welche nach dem Laserpolieren sichtbar sind, durch das Destrukturieren geglättet werden. Nach einer Anzahl von insgesamt n = 12 Belichtungen nach fünf Iterationen des Destrukturierens sind die Strukturelemente nicht mehr zu erkennen. Eine Fotografie des Demonstratorwerkstücks nach fünf Iterationen des Destrukturierens mit konstanter Laserleistungsamplitude ist in Bild 103 dargestellt.

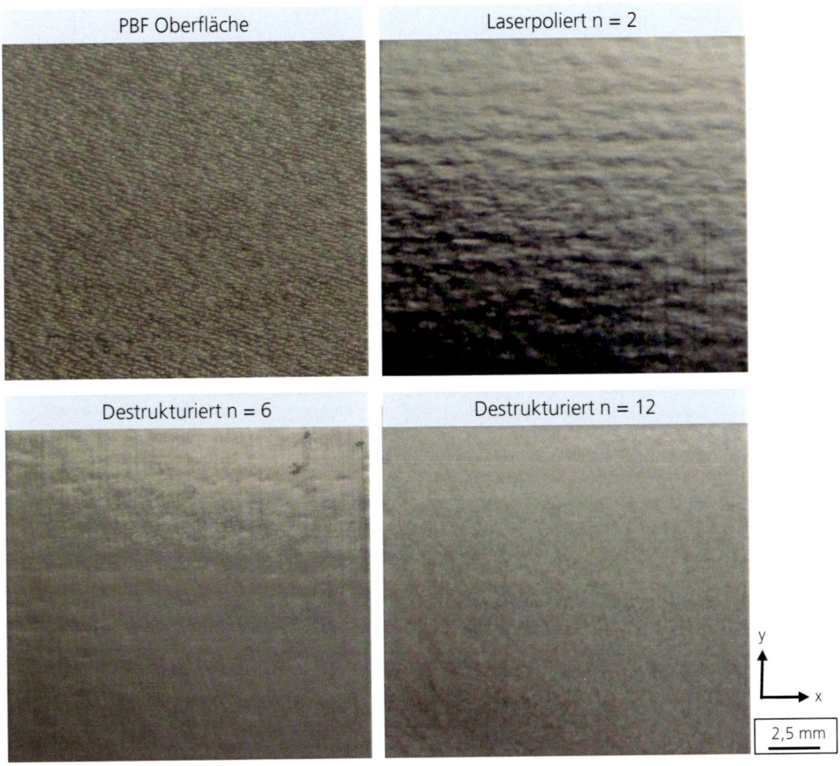

Bild 102: Fotografie der PBF Oberfläche, der laserpolierten Oberfläche und der Oberfläche nach verschiedenen Iterationen des Destrukturierens mit konstanter Laserleistungsamplitude mit P_M = 119 W; dy = 62,5 µm; n_i = 2; d_L = 250 µm; v_{scan} = 50 mm/s.

Bild 103:
Fotografie des Demonstratorwerkstücks nach fünf Iterationen des Destrukturierens mit konstanter Laserleistungsamplitude und einer Anzahl von insgesamt n = 12 Belichtungen.

Durch Laserpolieren alleine kann die Welligkeit von PBF Oberflächen nicht auf unter Wa ≤ 1 mm reduziert werden. Durch das Anwenden der im Rahmen dieser Arbeit entwickelten Prozesskette aus Laserpolieren und Destrukturieren kann die Welligkeit auf bis zu Wa = 0,329 µm reduziert werden. Die Oberfläche weist weniger sichtbare Welligkeit auf.

10 Zusammenfassung und Ausblick

Die Oberflächenqualität von PBF gefertigten Bauteilen ist für viele der vorgesehenen, technischen Anwendungen nicht ausreichend, weshalb die Oberflächennachbearbeitung ein notwendiger Prozessschritt ist. Obwohl aus dem Stand der Technik hervorgeht, dass die Rauheit durch das Laserpolieren bis auf Ra < 0,3 µm reduziert werden kann, ist das Laserpolieren bisher industriell nicht etabliert. Grund dafür ist vor allem, dass Welligkeit durch das Laserpolieren nur wenig beeinflusst und teilweise neu induziert wird.

Im Rahmen dieser Arbeit wird daher erstmalig eine Prozesskette aus Laserpolieren und Destrukturieren zur Reduzierung der Rauheit und Welligkeit von PBF gefertigten Bauteilen entwickelt. Durch das Laserpolieren wird in einem ersten Prozessschritt die Rauheit reduziert. Anschließend erfolgt die Messung der Oberflächentopografie, auf deren Basis eine geeignete Laserleistungsmodulation für das Destrukturieren der Welligkeit berechnet wird. Beim Destrukturieren wird die inverse Struktur der vorhandenen Welligkeit strukturiert und die Welligkeit so durch "destruktive Überlagerung" destrukturiert.

Um die vorhandene nicht-periodische Welligkeit zu beseitigen, wird das laserbasierte Umschmelzstrukturieren weiterentwickelt, sodass nicht-periodische Strukturen strukturiert und destrukturiert werden können. Für die quantitative Beurteilung der erzeugten Strukturen wird zunächst eine geeignete Analysemethode für die Berechnung der Struktur- und der Formabweichung entwickelt. Die Strukturabweichung $Pa(\Delta)_S$ wird als mittlere arithmetische Höhe der Differenz-Struktur zwischen einer Soll- und einer erzeugten Struktur berechnet. Als Formabweichung $Pa(\Delta)_F$ wird die Berechnung der Strukturabweichung so angepasst, dass diese unabhängig von der Profilhöhe und der Phasenverschiebung ist.

Durchgeführte Untersuchungen zum Laserpolieren von PBF Oberflächen zeigen, dass die Rauheit ($\lambda \leq$ 0,5 mm) bis auf Ra = 0,31 µm um insgesamt 98 % reduziert werden kann. Die Welligkeit ($\lambda >$ 0,5 mm) kann hingegen selbst nach n = 24 Belichtungen nicht auf Wa < 1 µm verkleinert werden. Die Welligkeit nach dem Laserpolieren kann als nicht-periodische Struktur betrachtet werden.

Für das Destrukturieren der Welligkeit wird zunächst untersucht, wie nicht-periodische Strukturen reproduzierbar strukturiert werden können. Dazu wird der Integrationsansatz als neuer Ansatz für die Berechnung einer geeigneten Laserleistungsmodulation untersucht. Die Laserleistungsmodulation wird dabei aus der Integration der Soll-Struktur berechnet und experimentelle Untersuchungen zur Erzeugung von 1- und 2-dimensionalen, periodischen und nicht-periodischen Strukturen durchgeführt.

Durch experimentelle Untersuchungen an 1-dimensionalen, periodischen Strukturen werden drei verschiedene Verfahrensparameterbereiche identifiziert, welche Unterschiede in der Strukturausbildung aufweisen. Im Verfahrensparameterbereich 1, gekennzeichnet durch Strukturwellenlängen von $\lambda \leq 2$ mm, sind alle erzeugten Strukturen sinusförmig. Der Grund für dieses Verhalten ist vermutlich das Verhältnis von Schmelzbadvolumen und Strukturwellenlänge. Im Verfahrensparameterbereich 2 mit Strukturwellenlängen $\lambda > 2$ mm und Laserleistungsamplitudenverhältnissen von $P_A/P_{A,max} \leq 0{,}5$ weisen die erzeugten Strukturen eine große Übereinstimmung mit der Ableitung der Laserleistungsmodulation auf. Für diesen Verfahrensparameterbereich kann die Laserleistungsmodulation in erster Näherung durch den Integrationsansatz berechnet werden. Für Verfahrensparameterbereich 3 mit Strukturwellenlängen von $\lambda > 2$ mm und Laserleistungsamplitudenverhältnissen von $P_A/P_{A,max} \geq 0{,}75$ sind die erzeugten Strukturen asymmetrisch. Bekannte Gründe für die entstehende Asymmetrie sind die unterschiedliche Dynamik der Schmelz- und Erstarrungsfront sowie der Ablationsdruck, der beim Erreichen der Siedetemperatur auftritt. Die Laserleistungsmodulation kann für diesen Verfahrensparameterbereich in erster Näherung durch den Integrationsansatz berechnet werden, die resultierenden Strukturen weisen jedoch eine größere Formabweichung auf als in Verfahrensparameterbereich 2.

Für die Reduzierung der Formabweichung in Verfahrensparameterbereich 3 werden zwei Verfahrensadaptionen untersucht. Als erste Adaption wird der Laserleistungsmodulation ein Kompensationsterm hinzugefügt und als zweite Adaption wird eine zusätzliche Modulation der Scangeschwindigkeit untersucht. Mit dem Kompensationsterm kann die Formabweichung um bis zu 66 % reduziert werden. Da für die Berechnung des Kompensationsterms das Differenz-Profil zwischen Soll-Profil und dem Profilquerschnitt der erzeugten Struktur bekannt sein muss, ist diese Adaption für das Destrukturieren von Welligkeiten auf laserpolierten PBF Oberflächen ohne eine vorhergehende analytische oder numerische Bestimmung der Differenzstruktur nicht anwendbar. Bei der Modulation der Scangeschwindigkeit ist die Berechnung des Differenz-Profils nicht erforderlich, wodurch diese Adaption theoretisch für das Destrukturieren von Welligkeiten auf laserpolierten PBF Oberflächen geeignet ist. Jedoch wird die Formabweichung mit bis zu 33 % nicht so stark reduziert wie durch den Kompensationsterm.

Für das Strukturieren von 1-dimensionalen, nicht-periodischen Strukturen mit dem Integrationsansatz wird im Vergleich zum Stand der Technik eine um 53 % kleinere Formabweichung erzielt. Damit wird gezeigt, dass die durch das Umschmelzstrukturieren erzeugte Struktur eher mit der Ableitung der Laserleistungsmodulation als mit der Laserleistungsmodulation übereinstimmt. Für mehrere Belichtungen ($n > 2$) und kleine Laserleistungsamplitudenverhältnisse ($P_A/P_{A,max} \leq 0{,}5$) werden tendenziell kleine Formabweichungen von bis zu von $Pa(\Delta)_F = 0{,}14$ erreicht. Die Modulation der Scangeschwindigkeit führt bei der 1-dimensionalen, nicht-periodischen Struktur nicht zu einer Reduzierung, sondern zu einer Steigerung der Formabweichung um bis zu 43 %. Der konträre Effekt von Laserleistungs- und Scangeschwindigkeitsmodulation auf die Schmelzbadgröße ist vermutlich zu komplex, um diese durch die Anpassungen der Scangeschwindigkeit abzubilden und die Formabweichung dadurch zu reduzieren. Durch die Anpassung der Laserleistungsmodulation mittels Kompensationsterm wird die Formabweichung beim Strukturieren mit einer Belichtung um bis zu 26 % reduziert. Für das Destrukturieren von Welligkeiten auf laserpolierten PBF Oberflächen ist diese Adaption jedoch nicht anwendbar, da die Differenzstruktur nicht bestimmt werden kann.

Für das Strukturieren von 2-dimensionalen Strukturen wird die Oberfläche sowohl senkrecht als auch parallel zur Scanrichtung strukturiert. Die Strukturausbildung parallel zur Scanrichtung wird durch die Strukturausbildung senkrecht zur Scanrichtung beeinflusst. Dabei steigt die Formabweichung, wenn die Strukturwellenlänge senkrecht zur Scanrichtung kleiner ist als die halbe Strukturwellenlänge parallel zur Scanrichtung. In diesem Fall werden die Strukturtäler parallel zur Scanrichtung von den Strukturbergen der angrenzenden Spuren überlagert. Die Strukturform senkrecht zur Scanrichtung entspricht ab einer Strukturwellenlänge von λ = 2 mm näherungsweise der erwarteten Soll-Struktur.

Basierend auf den Ergebnissen zum Strukturieren der 1-dimensionalen Strukturen und der 2-dimensionalen, periodischen Strukturen werden 2-dimensionale, nicht-periodische Strukturen erzeugt. Die Bearbeitungsrichtung hat dabei einen großen Einfluss auf die Strukturabweichung. Wenn die Bearbeitungsrichtung nach jeder Belichtung um 90° gedreht wird, wird eine um 40 % kleinere Strukturabweichung erzielt als ohne Änderung der Bearbeitungsrichtung. Bei Änderung der Bearbeitungsrichtung nach jeder Belichtung können Materialüberschüsse und -defizite in zwei Richtungen umverteilt werden, wodurch die Strukturabweichung insgesamt reduziert wird.

Das Destrukturieren mittels Integrationsansatz wird für 1- und 2-dimensionale, periodische und nicht-periodische Strukturen untersucht. Beim Destrukturieren von 1-dimensionalen, periodischen Strukturen wird die mittlere Strukturhöhe einer symmetrischen Struktur um 19 % mehr reduziert als die mittlere Strukturhöhe einer asymmetrischen Struktur. Mit dem iterativen Destrukturieren kann die mittlere Strukturhöhe der asymmetrischen Struktur um 90 % reduziert werden. Dabei wird die Struktur, die aus einem ersten Destrukturieren resultiert, in einem anschließend Prozessschritt erneut destrukturiert. Beim Destrukturieren einer nicht-periodischen Struktur wird die mittlere Strukturhöhe um bis zu 77 % reduziert. Für eine möglichst große Reduzierung der mittleren Strukturhöhe sollten mehrere Belichtungen $n > 2$ und kleine Laserleistungsamplituden von $P_A \leq 0{,}5 * P_{A,max}$ sowie iteratives Destrukturieren verwendet werden.

Für die Demonstration der gesamten Prozesskette werden PBF gefertigte Werkstücke zunächst laserpoliert und anschließend destrukturiert. Durch das Laserpolieren und Destrukturieren kann die Welligkeit mit fünf Iterationen des Destrukturierens und damit einer Anzahl von insgesamt n = 12 Belichtungen um 79 % bis auf Wa = 0,329 µm reduziert werden. Im Vergleich zum im Stand der Technik praktizierten Laserpolieren ohne Destrukturieren wird eine um 68 % kleinere Welligkeit durch das Anwenden der Prozesskette erzielt.

In dieser Arbeit wird gezeigt, dass sowohl die Rauheit als auch die Welligkeit auf einer PBF Oberfläche mit der entwickelten Prozesskette reduziert werden können, sodass eine eingeschränkte Industrietauglichkeit bereits gegeben ist. Jedoch sind dazu derzeit eine Anzahl von n = 12 Belichtungen notwendig. Bei den verwendeten Verfahrensparametern ergibt sich eine Flächenrate von 0,26 mm²/s, welche für viele industrielle Anwendungen noch zu klein ist. In zukünftigen Arbeiten sollte die Flächenrate daher durch eine Anpassung von Verfahrensparametern wie der Scangeschwindigkeit und der Intensitätsverteilung oder der Anpassung der Laserleistungsmodulation gesteigert werden.

Für die Steigerung der Industrierelevanz sollte die Prozesskette auf 3-dimensionale Bauteile übertragen werden. Dabei stellen der nicht senkrechte Einfallswinkel der Laserstrahlung und die Einteilung von Freiformflächen in Teilflächen die größten Herausforderungen dar. Ist der Einfallswinkel der Laserstrahlung nicht senkrecht, wird die sonst kreisförmige Wechselwirkungszone zwischen Laserstrahl und Werkstück elliptisch verzerrt, was wiederum die Form des Schmelzbades beeinflusst. Beim Laserpolieren kann dies durch eine Anpassung der Laserleistung und der Bahnverschiebung an den Einfallswinkel kompensiert werden. In zukünftigen Untersuchungen sollte daher ermittelt werden, ob die vom Laserpolieren bekannten Strategien auch auf das Umschmelzstrukturieren anwendbar sind. Freiformflächen können nicht immer mit äquidistanten Einzelbahnen gefüllt werden, ohne diese in Teilflächen einzuteilen. Dann sind Begrenzungen zwischen Teilflächen notwendig, wobei diese Begrenzungen so ausgeführt werden sollten, dass diese möglichst nicht sichtbar sind. Dabei sind vor allem Randeffekte am Beginn und am Ende einer zur Spur zu beachten. In zukünftigen Untersuchungen sollten auch hier bekannte Strategien aus dem Laserpolieren, wie die Anpassung der Laserleistung an Umkehrpunkten oder die Überlappung zwischen den Teilflächen, auf das Umschmelzstrukturieren übertragen werden.

11 Abkürzungs- und Formelverzeichnis

Abkürzung	Beschreibung
Al	Aluminium
AWR	Active Wave Reduction
C	Kohlenstoff
Co	Cobalt
Cr	Chrom
DFT	Diskrete Fourier Transformation
DIN	Deutsches Institut für Normung
DLIP	Direct Laser Interference Pattering
EN	Europäische Norm
ESU	Elektroschlacke-Umschmelzen
Fe	Eisen
FFT	Fast Fourier Transformation
ISO	Internationale Organisation für Normung
k. A.	Keine Angabe
LPBF	Laser Powder Bed Fusion
Mn	Mangan
Mo	Molybdän
MSM	MicroSpotMonitor
NA	Numerische Apertur
NC	Numerische Steuerung
P	Phosphor
PBF	Powder Bed Fusion
PLµS	Pulsed laser micro structuring
REM	Rasterelektronenmikroskopie
S	Schwefel

SE	Shannon-Entropie
Si	Silizium
Ti	Titan
USP/ UKP	Ultrakurze Pulse
Wa	Welligkeit
WaveShape	Umschmelzstrukturieren/ Structuring by Laser Remelting
WLI	Weißlichtinterferometrie
V	Vanadium
Yb	Ytterbium

Formelzeichen	**Einheit**	**Beschreibung**
α	°	Bearbeitungsrichtung
A	mm²	Fläche der Soll- und Ist-Struktur
A_{Δ}	-	Gewichtungsfaktor für das Differenz-Profil
A(n)	µm	Amplitude an der Stelle n
A_f	µm	Amplitude eines Peaks bei der Frequenz f
b	µm	Breite für die Mittelung der Bearbeitungsspuren
CCC	-	Kreuzkorrelations-Koeffizient nach Pearson
CCC_{inv}	-	Inverser Kreuzkorrelations-Koeffizient
Δ	-	Differenz-Struktur
$\Delta\lambda$	mm	Maximale Abweichung von der Symmetrieposition
Δt_{ELS}	µs	Verzögerung durch die Signalübertragung in der Elektronik des Schaltschranks des Lasers
Δt_{ES}	µs	Verzögerung durch die Signalübertragung in der Elektronik des Scanners

Δt_{Gesamt}	ms	Zeitliche Gesamtverzögerung durch die Signalverarbeitung in Laser und Scanner
Δt_{list}	µs	Verzögerung durch die RTC3 nach jedem Laserleistungsbefehl
Δt_{LSQ}	µs	Verzögerung durch die Signalumwandlung in der Elektronik des Lasers und die Erzeugung der Laserstrahlung
Δt_{Mark}	µs	Mark-Delay
$\Delta t_{Position}$	µs	Verzögerung zwischen einem von der RTC4 ausgegebenen Positionierbefehl und der Bewegung der Scannerspiegel
$\Delta t_{schlepp}$	µs	Schleppverzug
Δx_{AT}	µm	Örtliche Verschiebung im Scannerkoordinatensystem
d_L	µm	Laserstrahldurchmesser
d_S	µm	Schichtdicke im PBF
dy	µm	Spurabstand
f	mm^{-1}	Frequenz
$f_{C,10\,\mu s}$	kHz	Maximale Befehlsfrequenz
f_K	mm	Brennweite Kollimationslinse
f_{mod}	kHz	Modulationsfrequenz
$f_{s/2}$	mm^{-1}	Halbe Abtastfrequenz
f_T	mm	Brennweite f-Theta-Objektiv
h	µm	Höhe eines elliptischen Felds
h_{Ist}	-	Ist-Profil
h_{max}	µm	Maximale Profilhöhe
h_{Mod}	-	Modifizierter Profilquerschnitt
h_{Soll}	-	Soll-Profil
$h_{Soll,A}$	-	Soll-Profil von Struktur A
h_{Soll,A_inv}	-	Soll-Profil der inversen Struktur von Struktur A
i	-	Zeile

j	-	Spalte
λ	mm	Strukturwellenlänge
λ_c	mm	Cutoffwellenlänge
λ_{em}	nm	Wellenlänge der emittierten Laserstrahlung
λ_{mod}	µm	Modulationswellenlänge
λ_x	µm	Strukturwellenlänge in x-Richtung
λ_y	µm	Strukturwellenlänge in y-Richtung
L_n	mm	Gesamtmessstrecke
L_r	mm	Messstrecke
m	µm	Steigung der Graden bei der Beschreibung der Abhängigkeit von Profilhöhe und Laserleistungsamplitude
M^2	-	Strahlqualität
$max(corr(h_{Ist},h_{Ist}))$	-	Maximalwert der Autokorrelationsfunktion des Ist-Profils
$max(corr(h_{Soll},h_{Ist}))$	-	Maximalwert der Kreuzkorrelationsfunktion
$max(corr(h_{Soll},h_{Soll})$	-	Maximalwert der Autokorrelationsfunktion des Soll-Profils
n	-	Anzahl der Belichtungen
n_A	-	Anzahl der Umschmelzzyklen
n_i	-	Anzahl der Belichtungen in einem Prozessschritt
φ	mm	Prozessbedingte Phasenverschiebung
φ_{Gesamt}	mm	Gesamte Phasenverschiebung
φ_{Steuer}	mm	Aus der Steuerungstechnik resultierende Phasenverschiebung
P_A	W	Laserleistungsamplitude
Pa	µm	Mittlere Strukturhöhe

Pa_0	µm	Schnittpunkt mit der y-Achse bei der Beschreibung der Abhängigkeit von Profilhöhe und Laserleistungs-amplitude
$P_{A,2DS}$	W	Laserleistungsamplitude für das De-strukturieren in einem 2. Prozess-schritt
$P_{A,A}$	W	Laserleistungsamplitude zur Erzeu-gung von Struktur A
$P_{A,B}$	W	Laserleistungsamplitude zur Erzeu-gung von Struktur B
$P_{A,C}$	W	Laserleistungsamplitude zur Erzeu-gung von Struktur C
$Pa(\Delta)_F$	-	Formabweichung
$Pa(\Delta)_S$	µm	Strukturabweichung
$Pa_{norm}(\Delta)_F$	-	Normierte Formabweichung
$P_{A,max}$	W	Maximale Laserleistungsamplitude
P_L	W	Laserleistung
$P_{L,max}$	W	Maximal emittierbare Laserleistung
P_M	W	Mittlere Laserleistung
P_{max}	W	Maximale Laserleistung
P_{min}	W	Minimale Laserleistung
PV	µm	Peak-Valley-Wert
R^2	%	Bestimmtheitsmaß
$R_{2/1}$	-	Amplitudenverhältnis zweier Frquen-zen
Ra	µm	Linienrauheit
$R_{all/1}$	-	Amplitudenverhältnis aller Frequen-zen
r_z	mm	Rayleigh-Länge
S	-	Skalierung der Profilhöhe des Ist-Pro-fils
Sa	µm	Flächenrauheit
S_L	mm	Abstand zwischen Rand der Intensi-tätsverteilung und Dreiphasenpunkt

Θ	mrad	Divergenzwinkel
ϑ	°	Asymmetriewinkel
VL	µm	Stützstellenabstand
v_{scan}	mm/s	Scangeschwindigkeit
$v_{scan,max}$	mm/s	Maximale Scangeschwindigkeit
$v_{scan,min}$	mm/s	Minimale Scangeschwindigkeit
$v_{Prozess}$	mm/s	Strukturierungsgeschwindigkeit senkrecht zur Scanrichtung
w	mm	Breite eines elliptischen Felds

12 Literaturverzeichnis

[Abu98] N. Abuaf, Bunker R.S., C. P. Lee. Effects of Surface Roughness on Heat Transfer and Aerodynamic Performance of Turbine Airfoils. *Journal of Turbomachinery*, **1998** (120), 522–529. https://doi.org/10.1115/1.2841749

[Agu18] A. I. Aguilar-Morales, S. Alamri, A. F. Lasagni. Micro-fabrication of high aspect ratio periodic structures on stainless steel by picosecond direct laser interference patterning. *Journal of Materials Processing Technology*, **2018** (252), 313–321. https://doi.org/10.1016/j.jmatprotec.2017.09.039

[Ala19] S. Alamri et al. On the Interplay of DLIP and LIPSS Upon Ultra-Short Laser Pulse Irradiation. *Materials*, **2019** (12). https://doi.org/10.3390/ma12071018

[Bha17] D. Bhaduri et al. Laser polishing of 3D printed mesoscale components. *Applied Surface Science*, **2017** (405), 29–46. https://doi.org/10.1016/j.apsusc.2017.01.211

[Bha21] D. Bhaduri et al. Pulsed laser polishing of selective laser melted aluminium alloy parts. *Applied Surface Science*, **2021** (558), 149887. https://doi.org/10.1016/j.apsusc.2021.149887

[Bla11] J. Blackburn, P. Hilton. Producing Surface Features with a 200 W Yb-fibre Laser and the Surfi-Sculpt® Process. *Physics Procedia*, **2011** (12), 529–536. https://doi.org/10.1016/j.phpro.2011.03.065

[Bor14] E. V. Bordatchev, A. M. K. Hafiz, O. R. Tutunea-Fatan. Performance of laser polishing in finishing of metallic surfaces. *The International Journal of Advanced Manufacturing Technology*, **2014** (73), 35–52. https://doi.org/10.1007/s00170-014-5761-3

[Bor19a] E. Bordatchev, S. Cvijanovic, O. R. Tutunea-Fatan. Effect of initial surface topography during laser polishing process: Statistical analysis. *Procedia Manufacturing*, **2019** (34), 269–274. https://doi.org/10.1016/j.promfg.2019.06.150

[Bor19b] Bordatchev E. et al. Fabrication of Edge-lit light guide tooling by surface structuring by laser remelting. *Conference: 34th American Society for Precision Engineering Annual Meeting*, **2019**

[Bor20] E. V. Bordatchev et al. Edge-lit sine-shape wedged light guides: Design, optical simulation, laser-remelting-based precision fabrication, and optical performance evaluation. *Precision Engineering*, **2020** (66), 333–346. https://doi.org/10.1016/j.precisioneng.2020.07.004

[Bre20] A. Brenner et al. Efficient production of design textures on large-format 3D mold tools. *Journal of Laser Applications*, **2020**, *32* (1). https://doi.org/10.2351/1.5132401

[Bre21] A. Brenner. Sequentielle Ultrakurzpuls-Laserbearbeitung zur effizienten Oberflächentexturierung. Dissertation, RWTH Aachen, **2021**. ISBN: 9783863599843

[Che21] L. Chen et al. Effect of laser polishing on the microstructure and mechanical properties of stainless steel 316L fabricated by laser powder bed fusion. *Materials Science and Engineering*, **2021** (802), 140579. https://doi.org/10.1016/j.msea.2020.140579

[Coh21] Coherent, Inc. PowerMax-USB/RS Sensors, **2021** (abgerufen am 06.06.2023). https://www.coherent.com/content/dam/coherent/site/en/resources/laser-measurement-and-control-help-center/catalog/laser-measurement-and-control-cat.pdf

[Ćwi21] M. Ćwikła, R. Dziedzic, J. Reiner. Influence of Overlap on Surface Quality in the Laser Polishing of 3D Printed Inconel 718 under the Effect of Air and Argon. *Materials*, **2021** (14). https://doi.org/10.3390/ma14061479

[Dan06] B. Dance, A. Buxton. Surfi-Sculpt - A new electron beam processing technology. *ASM International, ISEC Congress*, **2006**

[Deu16] Deutsche Edelstahlwerke. Thermodur 2343 Superclean/ Thermodur 2343 EFS: Werkstoffdatenblatt X37CrMoV5-1 1.2343, **2016** (abgerufen am 06.06.2023). https://www.dew-stahl.com/fileadmin/files/dew-stahl.com/documents/Publikationen/Werkstoffdatenblaetter/Werkzeugstahl/Warmarbeitsstahl/2343_Thermodur_de.pdf

[Die15] A. Diemeyer Wilbert et al. Robotic finishing process - An extrusion die case study. *CIRP Journal of Manufacturing Science and Technology*, **2015** (11), 45–52. https://doi.org/10.1016/j.cirpj.2015.07.002

[DIN10] DIN EN ISO No. 4287. Geometrische Produktspezifikation (GPS) - Oberflächenbeschaffenheit: Tastschnittverfahren - Benennung, Definition und Kenngrößen der Oberflächenbeschaffenheit, **07-2010**

[DIN12a] DIN EN ISO 25178-2. Geometrische Produktspezifikation (GPS) – Oberflächenbeschaffenheit: Flächenhaft – Teil 2: Begriffe und Oberflächen-Kenngrößen (ISO 25178-2:2012); Deutsche Fassung EN ISO 25178-2:2012, **09-2012**

[DIN12b] DIN EN ISO 25178-3. Geometrische Produktspezifikation (GPS) – Oberflächenbeschaffenheit: Flächenhaft – Teil 3: Spezifikationsoperatoren (ISO 25178-3:2012); Deutsche Fassung EN ISO 25178-3:2012, **11-2012**

[DIN98] DIN EN ISO No. 4288. Geometrische Produktspezifikation (GPS) - Oberflächenbeschaffenheit: Tastschnittverfahren - Regeln und Verfahren für die Beurteilung der Oberflächenbeschaffenheit, **04-1998**

[Du18] A. Du Plessis, Yadroitsava, I. Yadroitsev, I. Ti6Al4V lightweight lattice structures manufactured by laser powder bed fusion for load-bearing applications. *Optics & Laser Technology*, **2018** (108), 521–528. https://doi.org/10.1016/j.optlastec.2018.07.050

[Erm21] T. Ermergen, F. Taylan. Review on Surface Quality Improvement of Additively Manufactured Metals by Laser Polishing. *Arabian Journal for Science and Engineering*, **2021** (46), 7125–7141. https://doi.org/10.1007/s13369-021-05658-9

[Gil10] A. Gillner, A. Horn. Micro- and Nanostructuring. In: R. Poprawe (Hrsg.). *Tailored Light 2*, **2010**. ISBN: 978-3-642-01236-5

[Gor16] W. S. Gora et al. Enhancing Surface Finish of Additively Manufactured Titanium and Cobalt Chrome Elements Using Laser Based Finishing. *Physics Procedia*, **2016** (83), 258–263. https://doi.org/10.1016/j.phpro.2016.08.021

[Gri15] T. Grimm, G. Wiora, G. Witt. Characterization of typical surface effects in additive manufacturing with confocal microscopy. *Surface Topography: Metrology and Properties*, **2015** (3), 14001. https://doi.org/10.1088/2051-672X/3/1/014001

[Har14] C. A. Hartmann. Laserabtrag mit zeitlicher Modulation der Energiedeposition. Dissertation, RWTH Aachen University, Aachen, **2014**. ISBN: 9783863592554

[Hen04] M. Henry et al. Laser milling: a practical industrial solution for machining a wide variety of materials. *Fifth International Symposium on Laser Precision Microfabrication*, **2004**, 627–632. https://doi.org/10.1117/12.596743

[Hil18] P. Hilton, L. Nguyen. A new method of laser beam induced surface modification using the Surfi-Scuplt® process. *Journal of Laser Applications*, **2018** (61). https://doi.org/10.2351/1.5057092

[Hu19] G. Hu, Y. Song, Y. Guan. Tailoring metallic surface properties induced by laser surface processing for industrial applications. *Nanotechnology and Precision Engineering*, **2019** (2), 29–34. https://doi.org/10.1016/j.npe.2019.03.003

[Kie09] T. Kiedrowski. Oberflächenstrukturbildung beim Laserstrahlpolieren von Stahlwerkstoffen. Dissertation, RWTH Aachen University, Aachen, **2009**. ISBN: 3832287418

[Kre22] L. Kreinest et al. Structuring by laser remelting as a method for waviness reduction on additive manufactured parts. *Procedia CIRP*, **2022** (111), 689–692. https://doi.org/10.1016/j.procir.2022.08.010

[Kre24] L. Kreinest et al. Investigation of asymmetry reduction for surface structuring and destructuring by laser remelting. *Heliyon*, **2024**, *10* (2), e24067. https://doi.org/10.1016/j.heliyon.2024.e24067

[Kum20] A. Kumar et al. Laser surface re-melting of additive manufactured samples with a line focused beam. *Materials Today: Proceedings*, **2020** (26), 1221–1225. https://doi.org/10.1016/j.matpr.2020.02.245

[Kum21] J. Kumstel. Steigerung der Flächenrate beim Laserpolieren von Stahlwerkstoffen. Dissertation, RWTH Aachen University, Aachen, **2021**. ISBN: https://doi.org/10.18154/RWTH-2021-02331

[Lam07] L. Lamikiz et al. Laser polishing of parts built up dy selective laser sintering. *International Journal of Machine Tools and Manfacture*, **2007** (47), 2040–2050. https://doi.org/10.1016/j.ijmachtools.2007.01.013

[Las15] A. Lasagni et al. Bringing the Direct Laser Interference Patterning Method to Industry: a One Tool-Complete Solution for Surface Functionalization. *Journal of Laser Micro/Nanoengineering*, **2015** (10), 340–344. https://doi.org/10.2961/jlmn.2015.03.0019

[Lee21] S. Lee et al. Laser polishing for improving fatigue performance of additive manufactured Ti-6Al-4V parts. *Optics & Laser Technology*, **2021** (134), 106639. https://doi.org/10.1016/j.optlastec.2020.106639

[Li19] Y. Li et al. Material Characterization, Thermal Analysis, and Mechanical Performance of a Laser-Polished Ti Alloy Prepared by Selective Laser Melting. *Metals*, **2019** (9), 112. https://doi.org/10.3390/met9020112

[Ma17] C. P. Ma, Y. C. Guan, W. Zhou. Laser polishing of additive manufactured Ti alloys. *Optics and Lasers in Engineering*, **2017** (93), 171–177. https://doi.org/10.1016/j.optlaseng.2017.02.005

[Müc05] F. Mücklich, A. Lasagni, C. Daniel. Laser interference metallurgy—periodic surface patterning and formation of intermetallics. *Intermetallics*, **2005** (13), 437–442. https://doi.org/10.1016/j.intermet.2004.07.005

[Neu10] B. Neuenschwander et al. Processing of metals and dielectric materials with ps-laserpulses: results, strategies, limitations and needs. *SPIE*, **2010.** https://doi.org/10.24451/ARBOR.11312

[Nüs15] C. Nüsser et al. Process- and Material-Induced Surface Structures During Laser Polishing. *Advanced Engineering Materials*, **2015** (17), 268–277. https://doi.org/10.1002/adem.201400426

[Nüs17] C. Nüsser. Lasermikropolieren von Metallen. Dissertation, RWTH Aachen University, Aachen, **2017.** https://doi.org/10.18154/RWTH-2018-223537

[Obe19] M. A. Obeidi et al. Laser Polishing of Additive Manufactured 316L Stainless Steel Synthesized by Selective Laser Melting. *Materials*, **2019** (12). https://doi.org/10.3390/ma12060991

[Obe22] M. Obeidi et al. Laser surface polishing of Ti-6Al-4V parts manufactured by laser powder bed fusion. *Surface and Coatings Technology*, **2022** (434), 128179. https://doi.org/10.1016/j.surfcoat.2022.128179

[Ore15] O. Oreshkin et al. Active reduction of waviness through processing with modulated laser power. *Journal of Laser Applications*, **2015** (27), 22004. https://doi.org/10.2351/1.4906622

[Ore21] O. Oreshkin et al. Shape Deviation of Surface Structures Produced by WaveShape (Structuring by Laser Remelting) on Ti6Al4V and a Method for Deviation Reduction. *Micromachines*, **2021** (12). https://doi.org/10.3390/mi12040367

[Ore22] O. Oreshkin et al. Comparison of Metrics for Shape Quality Evaluation of Textures Produced by Laser Structuring by Remelting (Waveshape). *Micromachines*, **2022** (13). https://doi.org/10.3390/mi13040618

[Ost11] R. Ostholt. Laserpolieren metallischer Freiformflächen. Dissertation, RWTH Aachen University, Aachen, **2011**. ISBN: 9783844006964

[Pfe17] F. E. Pfefferkorn, J. D. Morrow. Controlling surface topography using pulsed laser micro structuring. *CIRP Annals*, **2017** (66), 241–244. https://doi.org/10.1016/j.cirp.2017.04.138

[Pop08] R. Poprawe et al. High speed high precision ablation from ms to fs. *SPIE*, **2008** (7005), 700502. https://doi.org/10.1117/12.785225

[Ric19] B. Richter et al. Effect of Initial Surface Features on Laser Polishing of Co-Cr-Mo Alloy Made by Powder-Bed Fusion. *JOM*, **2019** (71), 912–919. https://doi.org/10.1007/s11837-018-3216-2

[Ros15] B. Rosa, P. Mognol, J. Hascoët. Laser polishing of additive laser manufacturing surfaces. *Journal of Laser Applications*, **2015** (27), S29102. https://doi.org/10.2351/1.4906385

[Ros16] A. Rosenkranz et al. Direct Laser Interference Patterning: Tailoring of Contact Area for Frictional and Antibacterial Properties. *Lubricants*, **2016** (4), 2. https://doi.org/10.3390/lubricants4010002

[Sca08] Scanlab GmbH. RTC4 PC-Interfacekarte Rev. 1.3 d, **2008** (abgerufen am 06.06.2023). www.scanlab.de

[Sca22] Scanlab GmbH. hurrySCAN product brochure, **2022** (abgerufen am 06.06.2023). https://www.scanlab.de/sites/default/files/2020-08/06_hurrySCAN_scan%20head%20series.pdf

[Sch15] J. Schmidt, R. Scholz, H. Riegel. Laser polishing of aluminum by remelting with high energy pulses. *Materialwissenschaft und Werkstofftechnik*, **2015** (46), 686–691. https://doi.org/10.1002/mawe.201500318

[Sol18] D. Sola et al. Direct laser interference patterning of ophthalmic polydimethylsiloxane (PDMS) polymers. *Optics and Lasers in Engineering*, **2018** (106), 139–146. https://doi.org/10.1016/j.optlaseng.2018.03.007

[SPI17] SPI Lasers UK Ltd. redPOWER QUBE 300W to 2kW Fiber Lasers Instructions for Use, **2017** (abgerufen am 06.06.2023). https://www.spilasers.com/wp-content/uploads/2015/12/SM-S00481_PRISM_Module_Fiber_Laser_Instructions_for_Use-5.pdf

[Tem09] A. Temmler et al. Structuring by remelting. *5th international WLT conference, Lasers in Manufacturing*, **2009**

[Tem11] A. Temmler, E. Willenborg, K. Wissenbach. Design Surfaces by Laser Remelting. *Physics Procedia*, **2011** (12), 419 430. https://doi.org/10.1016/j.phpro.2011.03.053

[Tem12] A. Temmler. Laserumschmelzstrukturieren. Dissertation, RWTH Aachen University, Aachen, **2012**. ISBN: 9783844018370

[Tem15a] A. Temmler, T. Schmickler, E. Willenborg. Surface Structuring by laser remelting of Inconel 718. *Lasers in Manufacturing Conference 2015*, **2015**

[Tem15b] A. Temmler et al. Surface structuring by remelting of titanium alloy Ti6Al4V. *Journal of Laser Applications*, **2015** (27), S29103. https://doi.org/10.2351/1.4906387

[Tem17] A. Temmler et al. Surface Structuring by Laser Remelting of Metals. *Journal of Laser Application*, **2017** (29). https://doi.org/10.2351/1.4972414

[Tem19] A. Temmler et al. Surface structuring by laser remelting of 1.2379 (D2) for cold forging tools in automotive applications. *Journal of Laser Applications*, **2019** (31), 22017. https://doi.org/10.2351/1.5070077

[Tem20a] A. Temmler et al. Experimental investigation on a new hybrid laser process for surface structuring by vapor pressure on Ti6Al4V. *Journal of Materials Processing Technology*, **2020** (277), 116450. https://doi.org/10.1016/j.jmatprotec.2019.116450

[Tem20b] A. Temmler, N. Pirch. Investigation on the mechanism of surface structure formation during laser remelting on H11. *Applied Surface Science*, **2020** (526), 146393. https://doi.org/10.1016/j.apsusc.2020.146393

[Tem20c] A. Temmler et al. Numerical and experimental investigation on formation of surface structures in laser remelting for additive-manufactured Inconel 718. *Surface and Coatings Technology*, **2020** (403), 126370. https://doi.org/10.1016/j.surfcoat.2020.126370

[Tem21a] A. Temmler et al. Experimental investigation on surface structuring by laser remelting (WaveShape) on Inconel 718 using varying laser beam diameters and scan speeds. *Applied Surface Science*, **2021** (541), 147814. https://doi.org/10.1016/j.apsusc.2020.147814

[Tem21b] A. Temmler, S. Qi. Surface Structuring by Laser Remelting (WaveShape): Microstructuring of Ti6Al4V for a Small Laser Beam Diameter and High Scan Speeds. *Micromachines*, **2021** (12). https://doi.org/10.3390/mi12060660

[Wil03] E. Willenborg, K. Wissenbach, R. Poprawe. Polishing by laser radiation. *Proceedings of the 2nd International WLT Conference on Lasers in Manufacturing*, **2003**, 297–300

[Wil05] E. Willenborg. Polieren von Werkzeugstählen. Dissertation, RWTH Aachen University, Aachen, **2005**. ISBN: 9783832248963

[Wil21] J. Willkomm et al. Design and manufacturing of a cylinder head by laser powder bed fusion. *IOP Conference Series: Materials Science and Engineering*, **2021** (1097), 12021. https://doi.org/10.1088/1757-899X/1097/1/012021

[Yun19] K. C. Yung et al. Laser polishing of additive manufactured tool steel components using pulsed or continuous-wave lasers. *The International Journal of Advanced Manufacturing Technology*, **2019** (105), 425–440. https://doi.org/10.1007/s00170-019-04205-z

[Zhi18] F. Zhihao et al. Laser Polishing of Additive Manufactured Superalloy. *Procedia CIRP*, **2018** (71), 150–154. https://doi.org/10.1016/j.procir.2018.05.088

[Zyg18] Zygo Corporation. Mx Reference Guide, **2018** (abgerufen am 06.06.2023). https://www.zygo.com/en/support/reference-library/product-manuals

13 Anhang

13.1 Anhang zu Kapitel 4.4.3

Für die Validierung der Berechnung der Formabweichung wird untersucht, inwiefern die Formabweichung abhängig von der Position des Profilquerschnitts im Testfeld und der Position des Testfelds berechnet werden kann.[21] Um den Einfluss der Position des Profilquerschnitts im Testfeld zu untersuchen, wird die Formabweichung $Pa(\Delta)_F$ für mehrere Profilquerschnitte auf dem gleichen Testfeld berechnet. Um den Einfluss der Position des Testfelds zu untersuchen, wird die Formabweichung jeweils eines Profilquerschnitts aus mehreren Testfeldern berechnet. Die berechneten Formabweichungen sind in Abhängigkeit der Messlänge in Bild 104 dargestellt.

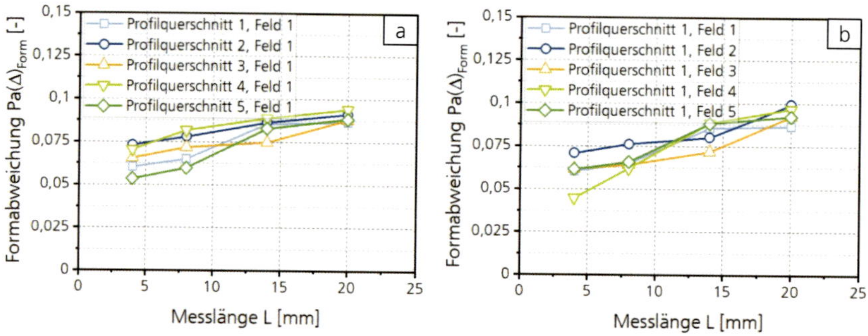

Bild 104: a: Formabweichung abhängig von der Position des Profilsquerschnitts im Testfeld. b: Formabweichung abhängig von der Position des Testfelds. Laserleistungsmodulation: Sinusförmig, P_M = 119 W; $P_A = 0{,}25 * P_{A,max}$; $P_{A,max}$ = 54 W; λ = 1 mm; d_L = 250 µm; v_{scan} = 50 mm/s; n = 1; dy = 62,5 µm.

Die Abweichung der Formabweichung ist für die Variation der Position des Profilquerschnitts im Testfeld und die Variation der Testfeldposition ähnlich. Für beide Fälle sinkt die Abweichung mit steigender Messlänge, der absolute Wert der Formabweichung steigt. Für die Variation der Position des Profilquerschnitts ergibt sich für die Messlänge L = 4 mm eine mittlere Formabweichung von $Pa(\Delta)$ = 0,065 mit einer Standardabweichung von $\sigma(Pa(\Delta))$ = 0,008 und für eine Messlänge von L = 20 mm eine mittlere Formabweichung von $Pa(\Delta)$ = 0,089 mit

[21] Ein Teil der in diesem Kapitel vorgestellten experimentellen Untersuchungen wurde im Rahmen der von der Verfasserin betreuten Masterarbeiten von *Schober* durchgeführt.

einer Standardabweichung von σ(Pa(Δ)) = 0,003. Für die Variation der Testfeldposition ergibt sich für die Messlänge L = 4 mm eine mittlere Formabweichung von Pa(Δ) = 0,060 mit einer Standardabweichung von σ(Pa(Δ)) = 0,009 und für eine Messlänge von L = 20 mm eine mittlere Formabweichung von Pa(Δ) = 0,094 mit einer Standardabweichung von σ(Pa(Δ)) = 0,005. Für eine möglichst kleine Abweichung sollte somit eine möglichst große Messlänge gewählt werden. Zudem sollten mehrere Profilquerschnitte ausgewertet und die gemessenen Formabweichungen gemittelt werden. Die positionsbezogene Abweichung kann als Standardabweichung angegeben werden.

13.2 Anhang zu Kapitel 4.2

Die PBF Werkstücke werden auf einer Aconity MIDI (Aconity3D GmbH, Herzogenrath, Deutschland) gefertigt. In Bild 105 ist die Bauplattform mit den zu fertigen Werkstücken dargestellt. Die lange Seite der Werkstücke ist dabei senkrecht zu Bauplattform positioniert. Die Beschichtung während des Prozesses erfolgt in y-Richtung und die Schutzgasströmung aus -x-Richtung.

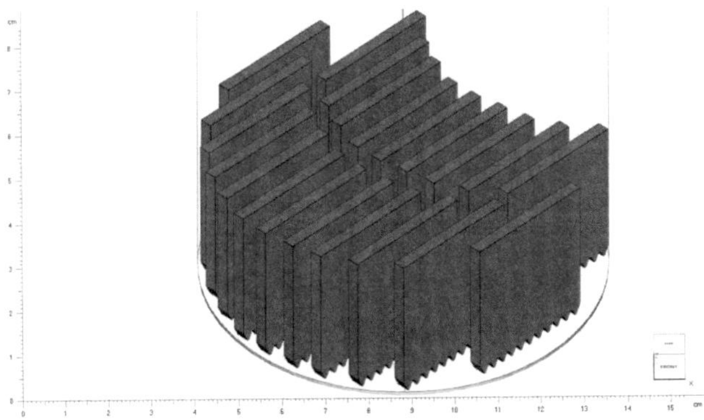

Bild 105: Darstellung der Bauplattform mit zu fertigenden PBF Werkstücken

Die für die Fertigung verwendeten Verfahrensparameter sind Tabelle 12 dargestellt. Für den Prozess wird eine Vorheiztemperatur von 350 °C verwendet. Das Laserpolieren und das Destrukturieren erfolgt auf der der Schutzgasströmung zugewandten side-skin Fläche.

Tabelle 12: Tabellarische Übersicht über die für das PBF von 1.2343 verwendeten Verfahrensparameter.

Verfahrensparameter	Wert
Laserstrahldurchmesser d_L	80 µm
Scangeschwindigkeit v_{scan}	900 mm/s
Spurabstand dy	100 µm
Laserleistung P_L	200 W
Schichtdicke d_s	30 µm

13.3 Anhang zu Kapitel 7.1.1

In Bild 106 ist die Phasenverschiebung zwischen den Profilquerschnitten und der dreieckförmigen Laserleistungsmodulation sowie der Ableitung der Laserleistungsmodulation und in Bild 107 die Phasenverschiebung zwischen den Profilquerschnitten und der reckteckförmigen Laserleistungsmodulation sowie der Ableitung der Laserleistungsmodulation dargestellt. Links ist die Phasenverschiebung jeweils in Abhängigkeit des Laserleistungsamplitudenverhältnisses bei $\lambda = 2$ mm und rechts in Abhängigkeit der Strukturwellenlänge bei $P_A/P_{A,max} = 0{,}75$ dargestellt.

Bild 106 und Bild 107 zeigen die gleichen Verläufe der Phasenverschiebung, welche in Kapitel 7.1.1 für die sinusförmige Laserleistungsmodulation beobachtet werden. Die Phasenverschiebung abhängig vom Laserleistungsamplitudenverhältnis und von der Strukturwellenlänge. Die Phasenverschiebung ist zudem davon abhängig, ob diese zur Laserleistungsmodulation oder zur Ableitung der Laserleistungsmodulation bestimmt wird. Die Phasenverschiebung ist dabei deutlich kleiner, sobald diese zur Ableitung der der Laserleistungsmodulation bestimmt wird. Das bedeutet, dass sie erzeugte Struktur eher mit der Ableitung der Laserleistungsmodulation übereinstimmt.

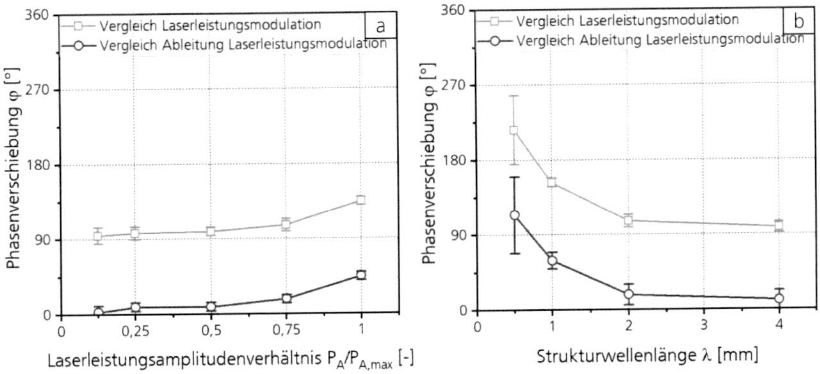

Bild 106: Phasenverschiebung des Profilquerschnitts der erzeugten Struktur im Vergleich zur dreieckförmigen Laserleistungsmodulation und zur Ableitung der Laserleistungsmodulation in a: Abhängigkeit des Laserleistungsamplitudenverhältnisses mit $\lambda = 2$ mm und b: Abhängigkeit der Strukturwellenlänge mit $P_A/P_{A,max} = 0{,}75$ mit $P_M = 119$ W; $P_{A,max} = 54$ W; $d_L = 250$ µm; $v_{scan} = 50$ mm/s; dy = 62,5 µm; n = 1.

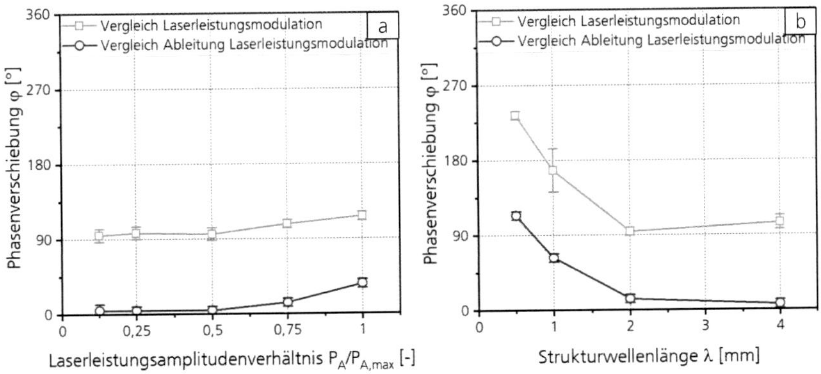

Bild 107: Phasenverschiebung des Profilquerschnitts der erzeugten Struktur im Vergleich zur rechteckförmigen Laserleistungsmodulation und zur Ableitung der Laserleistungsmodulation in a: Abhängigkeit des Laserleistungsamplitudenverhältnisses mit $\lambda = 2$ mm und b: Abhängigkeit der Strukturwellenlänge mit $P_A/P_{A,max} = 0{,}75$ mit $P_M = 119$ W; $P_{A,max} = 54$ W; $d_L = 250$ µm; $v_{scan} = 50$ mm/s; dy = 62,5 µm; n = 1.

13.4 Anhang zu Kapitel 7.2.1

In Bild 108 sind die Positionen markiert, an denen die jeweiligen Profilquerschnitte aus der Oberflächentopografie der erzeugten Struktur extrahiert werden. Die gestrichelten, weißen Linien zeigen dabei die Positionen, entlang denen die Profilquerschnitte in x-Richtung und die gepunkteten, schwarzen Linien die Positionen, entlang denen die Profilquerschnitte in y-Richtung extrahiert werden.

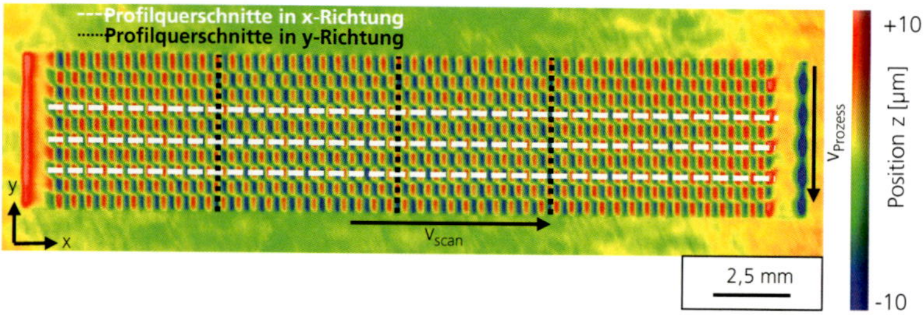

Bild 108: Exemplarische Darstellung der Positionen, an denen die Profilquerschnitte in x-Richtung und y-Richtung aus der Oberflächentopografie extrahiert werden.

13.5 Anhang zu Kapitel 7.2.2

In Bild 109 ist die mittlere Strukturhöhe als Funktion des Laserleistungsamplitudenverhältnisses für verschiedene Breiten b dargestellt. Die Breite b wird in drei Stufen b = 62,5 µm; 250 µm und 1000 µm variiert. Die bestimmten mittleren Strukturhöhen für die verschiedenen Spurbreiten liegen für alle Laserleistungsamplitudenverhältnisse im Rahmen der Standardabweichung. Daher wird die Breite im Weitern nicht variiert und eine Breite von b = 250 µm festgelegt, da diese dem Laserstrahldurchmesser entspricht.

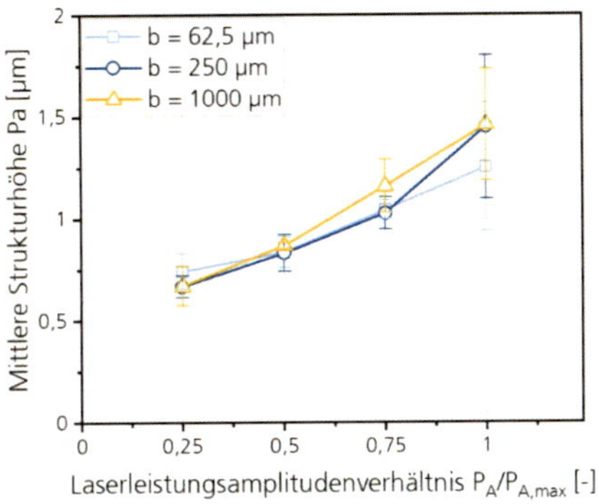

Bild 109: Mittlere Strukturhöhe der mittels Integrationsansatz erzeugten 2-dimensionalen, nicht-periodischen Strukturen in Abhängigkeit der Breite b mit d_L = 250 µm; P_M = 119 W; $P_{A,max}$ = 54 W; dy = 62,5 µm; v_{scan} = 50 mm/s.

13.6 Anhang zu Kapitel 8.1.1

In Bild 110 ist die lineare Abhängigkeit der mittleren Strukturhöhe von der Laserleistungsamplitude für das Strukturieren einer sinusförmigen Struktur mit einer Strukturwellenlänge von λ = 1 mm dargestellt. Die Geradengleichung für den linearen Fit ist im Diagramm abgebildet.[22] Um eine Struktur mit einer mittleren Strukturhöhe von Pa = 3 µm zu erzeugen, muss nach dem linearen Fit ein Laserleistungsamplitudenverhältnis von $P_A/P_{A,max}$ = 0,21 verwendet werden. Für das Destrukturieren wird nach den Erkenntnissen aus Bild 79 eine um den Faktor von 0,8 kleinere Laserleistungsamplitude verwendet als für das Strukturieren. Die verwendete Laserleistungsamplitude ergibt sich somit zu $P_{A,C} = 0,17 * P_{A,max}$.

[22] Siehe Fußnote 12

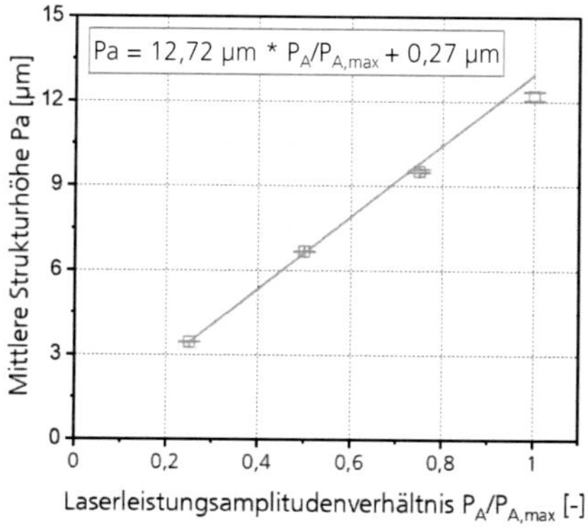

Bild 110: Mittlere Strukturhöhe für das Strukturieren einer sinusförmigen Struktur mit λ = 1 mm; d_L = 250 µm; v_{scan} = 50 mm/s; dy = 62,5 µm; P_M = 119 W; $P_{A,max}$ = 54 W; n = 1.

MIX
Papier | Fördert gute Waldnutzung
FSC® C083411

Zeitfracht Medien GmbH
Ferdinand-Jühlke-Straße 7
99095 Erfurt, Deutschland
produktsicherheit@kolibri360.de